上海领军人才
学术成就概览·医学卷

（2012～2014年）

组稿

上海市卫生和计划生育委员会科技教育处

主编

黄红　邬惊雷　张勘

科学出版社

北　京

图书在版编目（CIP）数据

上海领军人才学术成就概览.医学卷.2012～2014年/黄红，邬惊雷，张勘主编.—北京：科学出版社，2016.11
　ISBN 978-7-03-050271-1

Ⅰ.①上…　Ⅱ.①黄…②邬…③张…　Ⅲ.①先进工作者—生平事迹—上海—现代②医药卫生人员—先进工作者—生平事迹—上海—现代　Ⅳ.①K820.851②K826.2

中国版本图书馆 CIP 数据核字（2016）第 255125 号

责任编辑：潘志坚　闵　捷
责任印制：谭宏宇

科学出版社出版
北京东黄城根北街 16 号
邮政编码：100717
http://www.sciencep.com
上海锦佳印刷有限公司印刷
科学出版社发行　各地新华书店经销

*

2017 年 1 月第　一　版　　开本：889×1194　1/12
2017 年 1 月第一次印刷　　印张：12
字数：316 000
定价：180.00 元

编辑委员会

上海领军人才学术成就概览·医学卷

序

    学科人才资源是卫生发展第一资源。医疗卫生事业关系到人民的健康和生命，医疗卫生服务又具有极高的技术含量，这一特点决定了人才在医疗卫生事业发展中的核心地位。

    为加快培养和造就一支高素质的领军人才队伍，中共上海市委、市人民政府根据中央精神作出了加强领军人才队伍建设的战略决策。2004 年发布的《上海实施人才强市战略行动纲要》明确提出，要实施领军人才开发计划，选拔培养一批各行各业的领军人才。2005 年上海启动了领军人才开发试点工作，在 7 个试点领域选拔了首批上海领军人才"地方队"培养对象。2006 年以后，上海领军人才队伍建设工作全面展开。本市卫生系统作为 7 个试点领域之一自 2005 年起每年选拔上海领军人才，至 2014 年本市卫生系统共有 172 名上海领军人才，约占本市领军人才总数的 16%，这些优秀的人才以其科学严谨的治学态度和献身精神，创造性地展开工作，为上海卫生事业做出了杰出的贡献。

    围绕上海将建设亚洲医学中心城市之一的战略目标，上海将不断完善卫生人才发展的良好机制与环境，促进卫生人才的均衡发展，卫生人才资源总量稳步增长，卫生人才结构与分布进一步优化，卫生人才素质与能力进一步提升。到 2020 年，建设一支数量规模适宜、素质能力优良、结构分布合理，以德为先，德才兼备的卫生人才队伍，造就一批具有亚洲一流医学水平，具备科技创新和知识创新能力，具有国际竞争力的医学杰出人才。为加快本市卫生事业改革发展，实现人人享有基本医疗卫生服务提供强有力的人才保障。

　　《上海领军人才学术成就概览·医学卷》（首期拟分 2006~2008 年、2009~2011 年、2012~2014 年三卷出版，每卷 50 人左右），旨在展示本行业领军人才的精神风貌、学术成就，弘扬领军人才刻苦钻研、不断进步、追求完美的学术精神，激励广大医务工作者追随榜样的脚步艰苦奋斗，取得更大的成绩。

　　本书在编辑过程中，得到了有关单位和个人的大力支持和协助，在此表示衷心的感谢。

　　由于我们的编辑水平有限，经验不足，有错漏之处，请指正。

编辑委员会

2015 年 10 月

上海市医学领军人才培养的探索与实践

张勘　许铁峰

医疗卫生服务具有极高的技术含量，这一特点决定了人才在医疗卫生事业发展中的核心地位。近年来，上海市卫生局围绕医学人才的培养和使用，先后推出了多项人才培养计划，取得了良好效果。

一、医学领军人才培养计划出台的背景

1997年以来，上海市卫生局先后实施了"百名跨世纪优秀学科带头人培养计划"（简称"百人计划"）、"上海市医苑新星培养计划"等医学人才培养计划，培养和造就了一大批优秀中青年学科带头人，从根本上改变了过去人才队伍"青黄不接"的困难局面。但与建设亚洲医疗中心城市之一的目标定位相比，上海卫生系统学科人才建设还有一定差距，主要表现为，缺少在重大疾病的诊断治疗、预防控制和科技创新中做出突出贡献、能凝聚优秀团队和带领本学科持续发展的德才兼备的优秀医学人才，即人才"金字塔"结构中的顶尖人才。

顶尖人才短缺制约了领跑速度，因此加强上海卫生系统学科人才梯队建设，加速培养一批医学领域的领军人才，以领军人才带动优秀创新团队，促进上海医学科技与发展水平的整体提高，以弥补尚存在的结构性缺陷，是继续保持和发展上海医学科技优势、促进上海医学可持续发展的迫切要求。

二、医学领军人才培养计划实施办法

上海市医学领军人才培养计划从2004年底开始酝酿，在总结以往人才培养工作成功经验和借鉴教育部"长江学者"、人事部"百千万人才工程"等国家级人才培养计划实施办法的基础上，制订了《上海市医学领军人才培养计划实施办法》。为了使本办法更具有科学性和可操作性，卫生局开展了包括征求专家书面意见、召开专题座谈会、个别专家重

点访谈等多种形式在内的调研，并先后对该办法草案进行了6次修改。修改后的文件充分体现了全行业管理，培养对象的选拔面向全市各级各类医疗机构、预防机构、医学院（校）及相关科研院所；资助人才的领域以临床医学为主，但同时向基础医学、预防医学开放，实现了医学全学科覆盖，从而更具代表性和权威性。

三、医学领军人才培养计划的特点

1. 目标要求更高

过去人才计划的目标是培养学科带头人（"百人计划"）、临床中青年骨干（"医苑新星"计划）、医学后备人才（优秀青年医学人才培养计划），而本计划目标是培养在重大疾病的诊断治疗、预防控制和科技创新中做出突出贡献，能凝聚优秀团队和带领本学科持续发展的德才兼备的优秀医学拔尖人才。

2. 起点更高

对申请者在SCI杂志发表专业论文、承担国家级课题或上海市重大项目等方面作了更高要求，入选者在各自的业务领域内均具有相当高的知名度。

3. 资助力度更大

以前的人才培养计划每人资助10万元，本次计划入选者每人资助50万元（每年10万元），单位作相应匹配，每人受资助金额总量可达到100万元以上，已相当于国家自然基金委杰出青年人才基金的资助力度。

4. 培养机制更灵活、竞争性更强

采用"3+2"培养模式，培养对象入围3年后，上海市卫生局组织有关专家进行中期评估，绩效突出者可转入后2年的培养资助，绩效不显著者则取消下一阶段的资助。

四、医学领军人才培养对象的特点分析

上海市医学领军人才计划按层层把关、择优推荐、限额申报原则，共收到全市92份申报材料。经过专家书面预审和擂台评审后，选出了49名医学领军人才培养对象。其名单经上海市卫生系统学科人才建设领导小组审定后，在上海卫生信息网和人员所在单位进行了为期两周的公示，并经卫生局局务会讨论通过，均已正式列入上海市医学领军人才培养计划。

1. 基本特征及分布

入选的49名医学领军人才82%（41位）具有博士学位，平均年龄46.8岁，年纪最轻

的仅 38 岁。从学科布局上看，大外科领域 20 名，大内科领域 11 名，影像等临床相关学科 3 名，中医及中西医结合领域 7 名，基础医学 5 名，公共卫生领域 3 名。

2. 代表了上海各优势领域的最高水平

据统计，49 位医学领军人才全部在省部级以上学术团体中任主要职务，其中在全国性学术团体任常委或各专业学组任组长职务达 64 人次，973 首席科学家 2 位，教育部"长江学者" 8 位，国家自然科学杰出青年人才基金获得者 16 位，临床医学中心的主任、执行主任 11 位，医学重点学科的带头人 10 位，基本上代表了上海医学各优势领域的最高水平。

3. 体现了近年来卫生系统学科人才建设的成效

领军人才培养对象中有 33 位经过"百人计划"的培养，占 67.3%；19 位来自临床医学中心，12 位来自医学重点学科，二者合计占 63.3%，显示了临床医学中心和医学重点学科强大的人才培养能力。入选的医学领军人才与"百人计划"、临床医学中心或医学重点学科的大比例重合显示了上海卫生系统"学科、人才、项目、成果四位一体、联动发展"的管理创新模式的成效。

五、对医学领军人才培养工作的展望

1. 鼓励培养对象在业务上勇于创新

虽然医学领军人才培养对象在各自的专业技术领域内已经具有了一定的学术影响力，但作为领军人才进行培养才刚刚起步，必须鼓励其在自己的专业技术领域内勇于创新、精益求精。

领军人才培养和过去人才计划一个显著的不同就是领军人才更强调团队的作用，所以其培养对象从一开始就要注意创新团队的建设，在自身水平不断提高和知名度不断扩大的同时，构建起一个结构合理、团结高效的创新团队，使本学科的整体实力进一步提升。

2. 加强政策扶持

建立以知识产权（专利、商标、著作权等）为核心的创新激励体系，鼓励科技成果的转化和产业化；营造良好的技术创新和学术创新环境，给予领军人才及其团队充分的理解和信任，通过建立创新型人才的"保护机制"把个人失败的风险和创新的成本降到最低程度；鼓励产学研结合，有效整合科技资源，发挥医学专家群体优势，真正实现学科交叉融合，变"单打独斗"为"协同作战"。

3. 建立服务新机制

上海市卫生局优先推荐医学领军人才培养对象担任相关专业学会职务，为培养对象参加国内外业务交流与合作提供绿色通道和必要支撑；定期举办培养对象学术研讨会，促进多学科、多中心、多层面学术交流与科技合作；聘请培养对象参与上海卫生系统决策咨询，为其发挥聪明才智提供更多的机会；弘扬培养对象中艰苦创业、自主创新的先进人物和先进事迹，不断扩大医学领军人才的社会影响九建立科学合理的医学人才绩效评价体系，对不同领域的培养对象实行差异化管理；建立优胜劣汰机制，对培养 3 年后中期评估绩效突出者，给予追加经费继续培养；落实一系列领军人才开发服务的新举措，如在人员配备、设备配备、经费使用等方面给予领军人才一定自主权，打破所有制、地域限制，聘用"柔性流动人员"，自主组建团队，按自主创新需要自主选题立项等。

人才队伍建设是卫生事业发展的永恒主题，医学领军人才培养计划的启动标志着上海卫生系统覆盖各年龄、各层次、各专业的人才建设体系已初步形成，但同时应看到，医学领军人才全部集中在三级医院和市级防治站所，二级医院仅有一人通过初选，说明二级医院的人才培养还有差距。另外三级医院之间发展不平衡的情况也比较明显，入围最多的单位是第二军医大学附属长海医院和上海交通大学医学院附属瑞金医院，但三级专科医院如市胸科医院、肺科医院等没有人才入围，甚至没有人才通过初审。这些信息提示上海在优秀医学人才培养方面的不足，也从另一方面要求上海要以严格的管理、周到的服务做好医学领军人才的培养工作，并以此带动一大批中青年医学专家迅速成长，从而促进上海医学技术的整体水平不断提高。

目录

序·上海市医学领军人才培养的探索与实践

2012 年

2013 年

2014 年

上海领军人才学术成就概览·医学卷

上海领军人才
学术成就概览·医学卷

2012年

丁 强

专业

外科学

专业技术职称

教授，主任医师

工作单位与职务

复旦大学
附属华山医院院长

主要学习经历

1980.09−1985.07 · 江西医学院临床医学系　学士
1990.09−1995.07 · 上海医科大学外科学系　博士

主要工作经历

1995.08−1999.10 · 复旦大学附属华山医院泌尿外科　主治医师、副教授
1999.10− 至今　 · 复旦大学附属华山医院泌尿外科　教授
2008.05− 至今　 · 复旦大学附属华山医院　院长

重要学术兼职

2007− 至今　 · 中华医学会泌尿外科分会　常务委员
2014− 至今　 · 上海医学会泌尿外科学分会　主任委员
2007− 至今　 · 上海市医院协会　副会长

代表性论文，著作

1. Xu J, Mo Z, Ye D, Wang M, Liu F, Jin G, Xu C, Wang X, Shao Q, Chen Z, Tao Z, Qi J, Zhou F, Wang Z, Fu Y, He D, Wei Q, Guo J, Wu D, Gao X, Yuan J, Wang G, Xu Y, Wang G, Yao H, Dong P, Jiao Y, Shen M, Yang J, Ou-Yang J, Jiang H, Zhu Y, Ren S, Zhang Z, Yin C, Gao X, Dai B, Hu Z, Yang Y, Wu Q, Chen H, Peng P, Zheng Y, Zheng X, Xiang Y, Long J, Gong J, Na R, Lin X, Yu H, Wang Z, Tao S, Feng J, Sun J, Liu W, Hsing A, Rao J, Ding Q, Wiklund F, Gronberg H, Shu XO, Zheng W, Shen H, Jin L, Shi R, Lu D, Zhang X, Sun J, Zheng SL, Sun Y. Genome-wide association study in Chinese men identifies two new prostate cancer risk loci at 9q31.2 and 19q13.4. Nat Genet, 2012, 44(11): 1231-1235.

2. Wu YS, Na R, Xu JF, Bai PD, Jiang HW, Ding Q#. The influence of prostate volume on cancer detection in the Chinese population. Asian J Androl, 2014, 16(3): 482-486.

3. Xu G, Jiang HW, Fang J, Wen H, Gu B, Liu J, Zhang LM, Ding Q, Zhang YF. An improved dosage regimen of sertraline hydrochloride in the treatment for premature ejaculation: an 8-week, single-blind, randomized controlled study followed by a 4-week, open-label extension study. J Clin Pharm Ther, 2014, 39(1): 84-90.

4. Zhang LM, Jiang HW, Tong SJ, Zhu HQ, Liu J, Ding Q#. Prostate-specific antigen kinetics under androgen deprivation therapy and prostate cancer prognosis. Urol Int, 2013, 91(1), 38-48.

5. Ding GX, Feng CC, Song NH, Fang ZJ, Xia GW, Jiang HW, Hua LX, Ding Q#. Paraneoplastic symptoms: cachexia, polycythemia, and hypercalcemia are, respectively, related to vascular endothelial growth factor (VEGF) expression in renal clear cell carcinoma. Urol Oncol, 2013, 31(8): 1820-1825.

6. Na R, Ye D, Liu F, Chen H, Qi J, Wu Y, Zhang G, Wang M, Wang W, Sun J, Yu G, Zhu Y, Ren S, Zheng SL, Jiang H, Sun Y, Ding Q, Xu J. Performance of serum prostate-specific antigen isoform [-2]proPSA (p2PSA) and the prostate health index (PHI) in a Chinese hospital-based biopsy population. Prostate, 2014, 74(15): 1569-1575.

7. Na R, Wu Y, Xu J, Jiang H, Ding Q#. Age-specific prostate specific antigen cutoffs for guiding biopsy decision in Chinese population. PLoS One, 2013, 8(6): e67585.

8. Na R, Jiang H, Kim ST, Wu Y, Tong S, Zhang L, Xu J, Sun Y, Ding Q#. Outcomes and trends of prostate biopsy for prostate cancer in Chinese men from 2003 to 2011. PLoS One, 2012, 7(11): e49914.

9. Hu MB, Liu SH, Jiang HW, Bai PD, Ding Q#. Obesity affects the biopsy-mediated detection of prostate cancer, particularly high-grade prostate cancer: a dose-response meta-analysis of 29, 464 patients. PLoS One, 2014, 9(9): e106677.

10. Feng CC, Ding GX, Song NH, Li X, Wu Z, Jiang HW, Ding Q#. Paraneoplastic hormones: parathyroid hormone-related protein (PTHrP) and erythropoietin (EPO) are related to vascular endothelial growth factor (VEGF) expression in clear cell renal cell carcinoma. Tumour Biol, 2013, 34(6): 3471-3476.

● 重要科技奖项

1. 上海市医学科技二等奖．第 1 完成人．

2. 吴阶平泌尿外科医学奖．

3. 全球华人泌尿外科成就奖．

● 学术成就概览

近 2 年来，丁强教授带领学术团队对肾癌的血清标记物研究及其发展与转移的机制、男性不育的分子机制与男性功能障碍、前列腺穿刺效能与前列腺癌生长、转移的机制等方面进行了深入研究，具有较大的科学价值及临床转化意义。

1. 肾癌的血清标记物研究及其发展与转移的机制研究

丁强教授来带领学术团队对肾癌的进展转移机制以及血清学标记物的筛选做了深入研究，应用蛋白芯片技术联合 CT 进行肾脏良恶性占位的鉴别诊断，建立决策树模型进行小肾癌的诊断，构建肾透明细胞癌组织及癌旁组织样本队列模型，应用 RNA-seq 技术检测肾透明细胞癌组织转录物组进行完全测序，验证了已知与肾癌发病机制相关的 VHL/HIF 通路。本课题组的这些发现，可作为肾癌早期诊断、发展以及预后判断的肿瘤标记物。课题组的发现，可作为肾癌早期诊断、发展以及预后判断的肿瘤标记物。在国内外公开发表论文 25 篇。其中 SCI 收录 13 篇，累计被他引 36 次；国内核心期刊发表 12 篇，累计被引用 3 次。获得国家教育部 "211" 工程 Ⅱ 和 Ⅲ 期重点学科建设项目。

2. 男性不育的分子机制与男性功能障碍研究

丁强教授学术团队在男性生殖领域获得 2 项国家自然科学基金项目和 2 项上海市科学技术委员会、教育委员会等计划资助。本课题组首次从人睾丸组织中克隆到 2 个与雄性生殖相关的新基因：TDRP1 及 INM02，并已成功建立了 TDRP1 基因剔除小鼠模型及 INM02 基因剔除小鼠模型，通过体内、体外受精，发现 INM02 基因缺失导致雄性小鼠不育，通过免

疫共沉淀、酵母双杂交等技术，已初步明确 INM02 缺失导致雄性不育的分子机制。进一步通过对无精症患者的血清及睾丸组织进行鉴定，验证了该基因对于雄性不育的关键作用。此外，正常的性功能对男性不育同样具有重要作用，本团队作为召集单位，申办了 1 项多中心药物临床试验，通过对早泄患者药物治疗效果进行研究，指导临床优化早泄药物治疗方案。本团队已发表 SCI 论文 2 篇，待发表论文 1 篇，论文已被他引 2 次，已成功申请 TDRP1 抗体制备专利 1 项，药物临床试验 1 项。

3. 前列腺穿刺效能与前列腺癌生长、转移的机制研究

在前列腺癌领域，丁强教授学术团队获得 7 项国家自然科学基金项目和 3 项上海市科学技术委员会 "创新行动计划" 资助。在对前列腺癌生长和转移的相关基因、恶性增殖与进展的调控以及雄激素阻断治疗后高胰岛素血症进行了研究，团队发表了 SCI 论文 27 篇，且通讯作者及单位均为华山医院。2013 年课题组根据前期已证实并发表的中国人群前列腺癌 GWAS 和外显子芯片扫描数据（*Nature Genetics*，2012），在 308 例前列腺穿刺活检的队列中评估遗传差异结合 PSA 预测前列腺穿刺活检诊断效能，并对 PSA 为主要临床指标预测穿刺的趋势结果进行分析，该发现已被前列腺癌研究领域的专业杂志 *PROSTATE*（IF：3.875）和 *PLos One*（IF：4.104）接受，2 篇文章将于近期发表。同时已经在临床上尝试将遗传差异评估列入前列腺癌筛查的内容之一，做基础研究成果向临床转化。

卫立辛

专业
肿瘤学
专业技术职称
研究员
工作单位与职务
第二军医大学 附属东方肝胆外科医院肿瘤免疫 与基因治疗研究中心主任

● 主要学习经历

1979.09−1984.08 • 第一军医大学军医系　学士
1986.09−1989.08 • 第四军医大学医学微生物及免疫学　硕士
1994.09−1997.06 • 第二军医大学肿瘤学　博士

● 主要工作经历

1989.09−1994.09 • 上海海军 411 医院肿瘤科　主治医师
1998.12−1999.01 • 美国 PNRI 糖尿病和肿瘤预防及治疗研究所　访问学者
1997.07−2004.11 • 第二军医大学附属东方肝胆外科医院肿瘤免疫与基因治疗研究中心　副主任
2001.09−2002.01 • 美国国立卫生研究所（NIH）发育与基因调控研究室　访问学者
2004.12− 至今　 • 第二军医大学附属东方肝胆外科医院肿瘤免疫与基因治疗研究中心　主任

● 重要学术兼职

2011.03− 至今　 • *Cell & Bioscience* 编委　委员
2012.01− 至今　 • 《肝癌杂志》编辑委员会　副主编
2000.09− 至今　 • 全军肿瘤学专业委员会　委员
2005.11− 至今　 • 《中国肿瘤临床》编辑委员会　委员
2006.03− 至今　 • 《第二军医大学学报》编辑委员会　委员

● 代表性论文，著作

1. Cai X, Zhai J, Kaplan DE, Zhang Y, Zhou L, Chen X, Qian G, Zhao Q, Li Y, Gao L, Cong W, Zhu M, Yan Z, Shi L, Wu D, Wei L, Shen F, Wu M. Background progenitor activation is associated with recurrence after hepatectomy of combined hepatocellular cholangiocarcinoma. Hepatology, 2012, 56(5): 1804-1816. (IF: 11.19)

2. Guo XL, Hu F, Zhang SS, Zhao QD, Zong C, Ye F, Guo SW, Zhang JW, Li R, Wu MC, Wei LX. Inhibition of p53 increases chemosensitivity to 5-FU in nutrient-deprived hepatocarcinoma cells by suppressing autophagy. Cancer Lett, 2014, 246(2): 278-284. (IF: 5.018)

3. Fan QM, Jing YY, Yu GF, Kou XR, Ye F, Gao L, Li R, Zhao QD, Yang Y, Lu ZH, Wei LX. Tumor-associated macrophages promote cancer stem cell-like properties via transforming growth factor-beta1-induced epithelial-mesenchymal transition in hepatocellular carcinoma. Cancer Lett, 2014, 352(2): 160-168. (IF: 5.018)

4. Kai Sun, Xuqin Xie, Jing Xie, Shufan Jiao, Xiaojing Chen, Xue Zhao, Xin Wang[1] Lixin Wei. Cell-based therapy for acute and chronic liver failures: Distinct diseases, different choices. Scientific Reports, 2014, 4: 6494. (IF: 5.078)

5. Kou X, Jing Y, Deng W, Sun K, Han Z, Ye F, Yu G, Fan Q, Gao L, Zhao Q, Zhao X, Li R, Wei L, Wu M. Tumor necrosis factor-alpha attenuates starvation-induced apoptosis through upregulation of ferritin heavy chain in hepatocellular carcinoma cells. BMC Cancer, 2013, 3(1): 438. (IF: 3.319)

6. Yu G, Jing Y, Kou X, Ye F, Gao L, Fan Q, Yang Y, Zhao Q, Li R, Wu M, Wei L. Hepatic stellate cells secreted hepatocyte

growth factor contributes to the chemoresistance of hepatocellular carcinoma. PLoS One, 2013, 8(9): e73312. (IF: 3.534)

7. Yang, X., Hou J, Han Z, Wan Y, Hao C, Wei L, Shi Y. One cell, multiple roles: contribution of mesenchymal stem cells to tumor development in tumor microenvironment. Cell & Bioscience, 2013, 3(1): 5. (IF: 3.21)

8. Hou J, Han ZP, Jing YY, Yang X, Zhang SS, Sun K, Hao C, Meng Y, Yu FH, Liu XQ, Shi YF, Wu MC, Zhang L, Wei LX. Autophagy prevents irradiation injury and maintains stemness through decreasing ROS generation in mesenchymal stem cells. Cell Death Dis, 2013, 4: e844. (IF: 5.177)

9. Song YJ, Zhang SS, Guo XL, Sun K, Han ZP, Li R, Zhao QD, Deng WJ, Xie XQ, Zhang JW, Wu MC, Wei LX. Autophagy contributes to the survival of CD133+ liver cancer stem cells in the hypoxic and nutrient-deprived tumor microenvironment. Cancer letters, 2013, 339(1): 70-81. (IF: 5.016)

10. Zhang JW, Zhang SS, Song JR, Sun K, Zong C, Zhao QD, Liu WT, Li R, Wu MC, Wei LX. Autophagy inhibition switches low-dose camptothecin-induced premature senescence to apoptosis in humancolorectal cancer cells. Biochem Pharmacol. 2014, 90(3): 265-275. (IF: 4.65)

● 重要科技奖项

1. 肝胆系统肿瘤病理生物学诊断技术体系的建立与临床应用 . 2014. 军队医疗一等奖 . 第 4 完成人 .

2. 肝癌生物学特性的分子基础和评估体系的建立与临床应用 . 2013. 上海市科技进步二等奖 . 第 3 完成人 .

3. 肝癌生物学特性的基础与临床应用研究 . 2012. 上海市医学科技二等奖 . 第 3 成人 .

4. 国家科技进步奖创新团队奖 . 2012.

5. 上海市领军人才 . 2012.

6. 肝癌发生、发展密切相关的几类重要分子作用机制研究 . 2011. 上海市科技进步二等奖 . 第 1 完成人 .

7. 上海市优秀学科带头人 . 2008.

8. 肝癌发生、发展密切相关的几类重要分子作用机制研究 . 2007. 上海市医学科技二等奖 . 第 1 完成人 .

9. 上海市浦江人才 . 2004.

10. 肿瘤细胞与抗原递呈细胞融合制备有效肿瘤疫苗研究 . 2000. 军队科技成果二等奖 . 第 2 完成人 .

11. 上海市曙光学者 . 1999.

12. 单克隆抗体用于肾综合症出血热病原学及感染动物保护作用的研究 . 1997. 国家科技进步三等奖 . 第 5 完成人 .

13. McAb 对 HFRS 病原结构蛋白的纯化、特性鉴定及感染乳鼠保护作用研究 . 1993. 军队科技进步二等奖 . 第 2 完成人 .

14. 肝病患者血清透明质酸浓度检测及其临床意义 . 1992. 军队科技进步三等奖 . 第 2 完成人 .

● 学术成就概览

卫立辛主任是肿瘤学临床基础研究的学科带头人,近 20 年来一直从事肝癌临床基础研究的工作,并取得了一系列研究成果。由于工作成绩突出,2012 年被评为上海市领军人才,2008 年被评为上海市优秀学科带头人,2004 年被评为上海市浦江学者。发表的论文被国际同行引文达 3 000 多次,成为相关研究领域的国际知名专家。

任职期间,承担国家自然基金、973 计划、重大专项、上海市科委重点等课题 20 余项,其中国家自然科学基金面上项目 7 项、重点项目 1 项、上海市基金 4 项(科委重点 1 项);参加国家重点基础研究发展计划(973 计划)项目 4 项(项目负责人 1 项,子课题负责人 2 项),国家重大专项 3 项(学术骨干)。2012 年获国家科技进步创新团队奖(2012-J-207-1-02);"肝癌发生、发展密切相关的几类重要分子作用机制研究"获上海市科技进步二等奖(20114430-R-201),上海市医学科技二等奖 2 项(20062001,2012020103);获国家发明专利 2 项(201010257128.8、200810038455.7);发表论文 195 篇,其中 SCI 收录 62 篇(均为通讯作者或第一作者),总影响因子 348.379 分。参编英文专著 2 部,(*Hepatocellular Carcinoma*, *Molecular Mechanisms of Programmed Cell Death*),中文专著 5 部。指导博士生 8 名(已毕业 7 名)、硕士生 19 名(已毕业 14 名)。先后培养一名全军优秀硕士研究生和一名上海市博士优秀毕业生。

现兼任 *Cell & Bioscience* 编委、《肝癌杂志》编辑委员会副主编、全军肿瘤学专业委员会委员、全军航天医学专业委员会委员、《第二军医大学学报》编辑委员会委员、《中国肿瘤临床》编辑委员会委员等职。被聘为国家自然科学基金医学科学部评审专家,中国外科年鉴肝脏外科专业编委,同时为中国科学院上海生命科学研究员、上海交通大学医学院健康科学研究所客座教授。

朱依纯

专业

生理学

专业技术职称

教授，博士生导师

工作单位与职务

复旦大学基础医学院生理与病理生理学系 / 系副主任

小分子活性物质上海市高校重点实验室主任

● 主要学习经历

1981.09－1987.06 · 上海第二医科大学医疗系　医学学士
1992.07－1994.04 · 德国海德堡大学药理系　药理学博士

● 主要工作经历

1987.07－1988.12 · 上海第二医科大学附属新华医院　住院医师
1989.01－1992.06 · 上海第二医科大学附属第九人民医院　住院医师
1994.05－1994.12 · 德国基尔大学药理系　博士后
1995.01－至今　 · 复旦大学基础医学院生理与病理生理学系　历任讲师（1995 年）、副教授（1995 年）、教授（1999 年）、博士生导师（2000 年）

● 重要学术兼职

2006.09－至今 · *Life Sciences*　副主编
2013.01－至今 · *Endocrine*　编委

● 代表性论文，著作

1. Cai WJ, Wang MJ, Moore PK, Jin HM, Yao T, Zhu YC*. The novel proangiogenic effect of hydrogen sulfide is dependent on Akt phosphorylation. Cardiovascular Research, 2007, 76 (1): 29-40.
2. Tao BB, Liu SY, Zhang CC, Fu W, Cai WJ, Wang Y, Shen Q, Wang MJ, Chen Y, Zhang LJ, Zhu YZ, and Zhu YC*. VEGFR2 functions as an H2S-targeting receptor protein kinase with its novel Cys1045–Cys1024 disulfide bond serving as a specific molecular switch for hydrogen sulfide actions in vascular endothelial cells. Antioxidants & Redox Signaling, 2013, 19(5): 448-464.
3. Sun YG, Cao YX, Wang WW, Ma SF, Yao T, Zhu YC*: Hydrogen sulphide is an inhibitor of L-type calcium channels and mechanical contraction in rat cardiomyocytes. Cardiovascular Research, 2008, 79(4): 632-641.
4. Wang MJ, Cai WJ, Li N, Ding YJ, Chen Y, Zhu YC*. The hydrogen sulfide donor NaHS promotes Angiogenesis in a rat model of hind limb ischemia. Antioxidants & Redox Signaling, 2010, 12(9): 1065-1077.
5. Xue R, Hao DD, Sun JP, Li WW, Zhao MM, Li XH, Chen Y, Zhu JH, Ding YJ, Liu J, Zhu YC*. Hydrogen sulfide treatment promotes glucose uptake by increasing insulin receptor sensitivity and ameliorates kidney lesions in type 2 diabetes. Antioxidants & Redox Signaling, 2013, 19(1): 5-23.
6. Ge SN, Zhao MM, Wu DD, Chen Y, Wang Y, Zhu JH, Cai WJ, Zhu YZ, Zhu YC*. Hydrogen sulfide targets EGFR Cys797/Cys798 residues to induce Na$^+$/K$^+$-ATPase endocytosis and inhibition in renal tubular epithelial cells and increase sodium excretion in chronic salt-loaded rats. Antioxidants & Redox Signaling, 2014, 21(15):2061-2082.
7. Ma SF, Luo Y, Ding YJ, Chen Y, Pu SX, Wu HJ, Wang ZF, Tao BB, Wang WW, Zhu YC*. Hydrogen sulfide targets the Cys320/Cys529 motif in Kv4.2 to inhibit the Ito potassium channels in cardiomyocytes and regularizes fatal arrhythmia in myocardial infarction. Antioxidants & Redox Signaling, 2015, 23(2): 129-147.
8. Shi YX, Chen Y, Zhu YZ, Huang GY, Moore PK, Huang SH, Yao T, Zhu YC*. Chronic sodium hydrosulfide treatment decreases medial thickening of intramyocardial coronary arterioles, interstitial fibrosis, and ROS production in spontaneously

hypertensive rats. American Journal of Physiology-Heart and Circulatory Physiology, 2007, 293(4): H2093-H2100.

9. Yao LL, Huang XW, Wang YG, Cao YX, Zhang CC, Zhu YC*. Hydrogen sulfide protects cardiomyocytes from hypoxia/reoxygenation-induced apoptosis by preventing GSK-3-dependent opening of mPTP. American Journal of Physiology-Heart and Physiology, 2010, 298(5): H1310-H1319.

10. Yao LL, Wang YG, Cai WJ, Yao T, Zhu YC*. Survivin mediates the anti-apoptotic effect of delta-opioid receptor stimulation in cardiomyocytes. Journal of Cell Science, 2007, 120(5): 895-907.

重要科技奖项

1. 分化诱导剂全反式维甲酸对高血压心血管重构的作用. 2004. 教育部提名国家自然科学二等奖. 第 1 完成人.

2. 硫化氢多靶点心血管保护作用的发现. 2010. 高等学校科学研究优秀成果二等奖（自然科学奖）. 第 1 完成人.

3. 诱导分化对高血压心血管重构的作用. 2005. 上海市科学技术进步三等奖. 第 1 完成人.

4. 通过选择性调控胚胎基因探索干预心血管疾病的新途径. 2010. 上海市自然科学三等奖. 第 1 完成人.

5. 针对心血管重构创新治疗方法的基础研究. 2008. 中华医学科技三等奖. 第 1 完成人.

6. 硫化氢多靶点心血管保护作用的发现. 2013. 中华医学科技三等奖. 第 1 完成人.

学术成就概览

朱依纯教授 1998 年入选上海市曙光学者；2001 年入选教育部跨世纪优秀人才培养计划；2008 年获得国家杰出青年基金资助；2008 年起任生理学国家重点学科学科带头人；2009 年被评为教育部长江学者特聘教授；2009 年入选上海市优秀学科带头人；2012 年入选上海市领军人才计划；2013 年入选国家百千万人才工程，并被授予"有突出贡献的中青年专家"荣誉称号；2014 年起任小分子活性物质上海市高校重点实验室主任，主要从事心血管疾病的发病机制及治疗新途径的研究。

（1）首次发现硫化氢（H_2S）的促血管新生作用：发现 H_2S 通过 PI3K/Akt 通路促进血管新生，是一条治疗慢性缺血性疾病（如心肌缺血）的新途径。论文于 2007 年在 Cardiovascular Research 发表时，编辑部发表评论文章介绍这一创新工作，认为该课题组提出了一种促血管新生的新机制。随后不同国家的多个独立实验室从不同角度、在不同实验模型中证实了他们关于 H_2S 促血管新生作用的发现，并不断深入研究，由此形成了一个新兴的研究领域。国际同行的大量评论、引用及实验论证都表明该课题组是该研究领域的开拓者。鉴于血管新生在慢性缺血性疾病和肿瘤血管新生研究中的重要意义，H_2S 促血管新生作用的发现不但是对前沿科学研究领域的拓展，而且提出了一种通过调节 H_2S 而促进（在心肌缺血等疾病中）或抑制（在肿瘤中）血管新生的创新治疗方法。此外，课题组还在慢性缺血模型中进一步证明了慢性给予 H_2S 供体的对缺血区侧支循环及血供重建的长期疗效及其作用机制。

（2）H_2S 受体及其分子开关的发现：运用了跨学科技术，结合重组蛋白基因突变等分子生物学方法，在 H_2S 促血管新生模型中首次发现 H_2S 的"受体"——VEGFR2，并发现其中有一个以前未知的 Cys1024-S-S-Cys1045 二硫键起了硫化氢分子开关的作用；H_2S 可以通过打开二硫键解除其对受体激酶活性的抑制，使其转换成激活构象。课题组还阐明了 H_2S 识别、切开二硫键的硫 - 硫亲核原子生物学原理，即 H_2S 基于其硫原子和受攻击的二硫键的硫原子的外层电子轨道的能量和运行轨迹特征展开特异性亲核攻击而打开其分子开关。其科学意义在于揭示了为何 H_2S 在体内发挥多种重要生理调节功能的普遍原理。上述研究将目前 H_2S 生物学研究从生物效应观察推动至揭示其共同原子生物学规律和原理的新台阶。据此原理进一步发现 H_2S 的胰岛素的增敏作用，不但进一步证实课题组发现的 H_2S 激活受体酪氨酸激酶家族的共同机制和胰岛素受体激活新机制，而且为目前开展的 H_2S 化学供体心血管保护药物的研究打下了基础，在理论研究过程中形成一系列自主创新药物知识产权，是一项从前沿理论研究到重大新药创制转化的较成功的系列研究。

（3）H_2S 对心肌细胞的保护作用：首次发现 H_2S 对心肌细胞 L 型钙离子通道的调控作用：发现 H_2S 通过对心肌细胞 L 型钙通道的抑制作用，继而抑制心肌细胞钙超载而产生心肌细胞保护作用，L 型钙通道为介导 H_2S 信号的关键分子。课题组还报道 H_2S 在心肌缺血再灌注中通过 GSK-3 抑制 mPTP 的开放从而防止心肌细胞凋亡。还报道 H_2S 供体长期治疗可减轻心肌内小动脉壁的肥厚，防止心肌纤维化，并减少心肌内氧自由基的生成。课题组的工作证明 H_2S 通过促血管新生改善血供和保护心肌细胞这两方面改善心肌缺血，提供了一条探索慢性心肌缺血的新途径。

（4）早期选择性调节胚胎基因干预心血管重构研究引导了 H_2S 心血管保护作用的发现：H_2S 心血管保护作用研究的最初思路来自于前期选择性调节胚胎基因干预心血管重构的研究。在寻找选择性激活心肌保护性胚胎基因生存素的新物质的过程中，意外发现 H_2S 对心血管保护作用。

刘颖斌

专业

外科学

专业技术职称

教授，主任医师

工作单位与职务

上海交通大学医学院
附属新华医院副院长

主要学习经历

1981.09－1984.07·大同大学临床医学　学士
1994.09－1997.07·江西医学院外科学　硕士
1997.07－2000.07·浙江大学医学院外科学　博士

主要工作经历

2008.09－ 至今　·上海交通大学医学院附属新华医院　副院长、普外科主任
2000.07－2008.08·浙江大学医学院附属第二医院　副主任医师

重要学术兼职

2015.03－　　·上海市外科学会普外科专业委员会　副主任委员
2015.03－　　·上海市医师协会普外科专业委员会　副会长
2013.09－　　·中华医学会外科学分会肝脏学组　委员
2012.09－　　·中国医师协会外科分会　委员
2012.09－　　·中国抗癌协会胰腺癌和胆囊癌专业委员会　委员

代表性论文，著作

1. Whole-exome and targeted gene sequencing of gallbladder carcinoma identifies recurrent mutations in the ErbB pathway. Nat Genet, 2014, 46(8): 872-876. （通讯作者，IF: 31.6）
2. MicroRNA-29c-5p Suppresses Gallbladder Carcinoma Progression by Directly Targeting CPEB4 and Inhibiting the MAPK Pathway. Cell Death Differ, 2016 (accepted). （通讯作者，IF: 8.2）
3. A novel PI3K/AKT signaling axis mediates Nectin-4-induced gallbladder cancer cell proliferation, metastasis and tumor growth. Cancer Lett, 2016, 375(1): 179-189. （通讯作者，IF: 5.9）
4. miR-223 increases gallbladder cancer cell sensitivity to docetaxel by downregulating STMN1. Oncotarget, 2016, 7(28): 62364-62376. （通讯作者，IF: 5）
5. Up-regulation of PKM2 promote malignancy and related to adverse prognostic risk factor in human gallbladder cancer. Sci Rep, 2016, 10(6): 26351-26321. （通讯作者，IF: 5.2）
6. LASP-1 induces proliferation, metastasis and cell cycle arrest at the G2/M phase in gallbladder cancer by down-regulating S100P via the PI3K/AKT pathway. Cancer Lett, 2016, 372(2): 239-250. （通讯作者，IF: 5.9）
7. Fibronectin promotes cell proliferation and invasion through mTOR signaling pathway activation in gallbladder cancer. Cancer Lett, 2015, 360(2): 141-150. （通讯作者，IF: 5.9）
8. SPOCK1 as a potential cancer prognostic marker promotes the proliferation and metastasis of gallbladder cancer cells by activating the PI3K/AKT pathway. Mol Cancer, 2015, 14(1): 1-14. （通讯作者，IF: 5.8）
9. Magnolol inhibits growth of gallbladder cancer cells through the p53 pathway. Cancer Sci, 2015, 106(19): 1341-1350. （通讯作者，IF: 3.9）
10. Yes-associated protein 1 (YAP1) promotes human gallbladder tumor growth via activation of the AXL/MAPK pathway. Cancer Lett, 2014, 355(2): 201–209. （通讯作者，IF: 5.9）

• 重要科技奖项

1. 胆囊癌侵袭转移模型构建与分子机制研究．2016．华夏医学科技一等奖．第 1 完成人
2. 肝尾状叶切除的方法和策略研究．2007．中国高等学校科学技术进步一等奖．第 2 完成人．
3. 捆绑式胰肠吻合术的临床与试验研究．2005．国家科技进步二等奖．第 5 完成人．
4. 捆绑式胰肠吻合术的临床与试验研究．2001．浙江省科学技术进步一等奖．第 5 完成人．
5. 细胞增殖相关基因 KI67 在胰腺癌中表达讲解的控制机理研究　2001．中国高校自然科学二等奖．第 4 完成人．

• 学术成就概览

刘颖斌，男，1964 年生，教授、主任医师。刘教授任上海交通大学医学院附属新华医院普外科任主任医师、行政主任、新华医院副院长、上海市胆道疾病研究中心、上海交通大学医学院胆道疾病研究所所长。其 2000 年获外科学博士学位；2003 年开始担任硕士生导师；2009 年晋升教授、博士生导师、主任医师；2014 年入选国家百千万人才工程，授予"有突出贡献中青年专家"荣誉称号；2012 年被评为长江学者特聘教授；2011 年获上海市优秀学术带头人，上海市领军人才。

1984 年以来，刘教授一直从事外科学科研、临床和教学工作。其专业特长为消化道系统疾病的诊治，尤其在肝、胆、胰等恶性肿瘤的治疗方面取得了突破性进展，在国内首次提出胰腺全系膜切除手术，胃沿三步法淋巴清扫策略和捆绑式胰肠吻合术，同时在肝尾叶切除手术策略与方法的研究以及疑难复杂手术肝胆胰肿瘤手术治疗中不断创新和突破。在基础研究方面，在国际上首次得到胆囊癌相关外显子突变谱，二发现 ERBB 信号通路突变与胆囊癌进展密切相关，在国内率先开展胆道肿瘤分子靶向药物治疗多中心研究，同时在国际上率先开展胆囊症相关 lncRNA 研究，首次发现 lncRNA-PAGBC 与胆囊癌增殖转移密切相关。

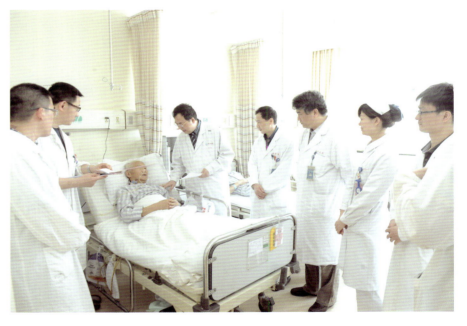

目前已主持 863 国家科技重大专项，国家自然科学基金重点国际（地区）合作研究项目、重大研究计划项目、面上项目 8 项，主持上海市科委基础重点项目、上海市纳米专项基金、浙江省自然科学基金、浙江省科技厅重点项目、浙江省卫生厅等省级以上项目 10 余项，开展多项多中心临床研究项目，在 *nature genetics*、*cancer letter* 等期刊发表 SCI 论文 50 余篇，国内核心期刊发表论文 50 余篇，总影响因子达 169.6，他引次数超过 600 次，指导多名硕士研究生、博士研究生和博士后流动站学者。

2001 年获浙江省科学技术进步一等奖 1 项（第 5 完成人），2005 年获国家科技进步二等奖 1 项（第 6 完成人），2007 年获中国高等学校科学技术进步奖一等奖 1 项（第 2 完成人），2016 年获华夏医学科技奖一等奖（第 1 完成人）。2014 年获全国五一劳动奖章，2011 年获上海交通大学优秀共产党员称号、上海市"五一"劳动奖章，2012 年获上海交通大学校长奖。担任上海市外科学会普外科专业委员会秘书、上海市医师协会普外科专业委员会副会长、上海市外科学会普外科专委会胰腺学组副组长、中华医学会外科分会肝脏学组委员、中华医学会肿瘤分会肝脏学组、胃肠分会委员、中国医师协会外科分会委员、中国抗癌协会胆囊癌专业委员会常委、中国抗癌协会胰腺癌专业委员会委员，《中国实用外科杂志》《中华外科杂志》《中华医学杂志》《中华医学杂志》（英文版）、《中华消化外科杂志》《中华肝胆外科杂志》《上海医学》《外科理论与实践杂志》等杂志编委。

主要学习经历

1984.07-1990.07 · 上海医科大学医学系医学专业　学士
1994.07-1999.07 · 上海医科大学研究生院普外专业　博士

主要工作经历

1990.07- · 复旦大学附属中山医院结直肠外科　主任、结直肠癌中心主任、普外科副主任

重要学术兼职

2010- · 中国医师协会外科分会　结直肠外科医师委员会常委兼副秘书长、机器人专业委员会常委
· 中华医学会　外科分会结直肠学组委员、肿瘤学分会结直肠癌学组委员
2009- · 中国抗癌协会　转移委员会常委、大肠癌专业委员会常委
2010- · 《世界华人消化杂志》(*WJG*)　编委
2014- · *OncoTargets and Therapy*　副主编
2014- · 中国医疗保健国际交流促进会结直肠肝转移治疗专业委员会　副主任委员
2015- · *European Journal of Surgical Oncology*　编委
2015- · 中国医师协会肛肠外科分会　常委
2015- · 中国医师协会外科分会 MDT 指导委员会　常委
2015- · 中国研究型医院学会机器人与腹腔镜外科专业委员会　副主任委员
2016- · 中国临床肿瘤学会　理事

许剑民

专业
外科学

专业技术职称
教授，主任医师

工作单位与职务
复旦大学
附属中山医院结直肠外科主任、
结直肠癌中心主任、普外科副主任

代表性论文，著作

1. Randomized Controlled Trial of Intraportal Chemotherapy Combined With Adjuvant Chemotherapy (mFOLFOX6) for Stage II and III Colon Cancer. Annals of surgery, 2016, 263(3): 434-439. (IF: 8.6)
2. Efficacy of continued cetuximab for unresectable metastatic colorectal cancer after disease progression during first-line cetuximab-based chemotherapy: a retrospective cohort study. Oncotarget, 2016, 7(10): 11380-11396. (IF: 5.0)
3. Silencing homeobox C6 inhibits colorectal cancer cell proliferation. Oncotarget, 2016, 7(20): 29216-29227. (IF: 5.0)
4. Randomized Controlled Trial of Cetuximab Plus Chemotherapy for Patients With KRAS Wild-Type Unresectable Colorectal Liver-Limited Metastases. J Clin Oncol, 2013, 31(16): 1931-1938. (IF: 20.98)
5. Outcome of Patients with Colorectal Liver Metastasis: Analysis of 1,613 Consecutive Cases. Ann Surg Oncol, 2012, 19(9): 2860-2868. (IF: 3.66)
6. Enhanced Recovery After Surgery (ERAS) Program Attenuates Stress and Accelerates Recovery in Patients After Radical Resection for Colorectal Cancer: A Prospective Randomized Controlled Trial. World J Surg, 2012, 36(2): 407-414. (IF: 2.5)
7. Chinese guidelines for the diagnosis and comprehensive treatment of hepatic metastasis of colorectal cancer. J Cancer Res Clin Oncol, 2011, 137(9): 1379-1396. (IF: 3.14)

8. Preoperative hepatic and regional arterial chemotherapy in the prevertion of liver metastasis after colorectal cancer surgery. Ann Surg, 2007, 245(4): 533-590. (IF: 8.6)

● 重要科技奖项

1. 结直肠癌肝转移外科和综合治疗 . 2011. 上海市医学科技成果一等奖 .
2. 结直肠癌肝转移外科和综合治疗 . 2011. 教育部科技成果一等奖 .
3. 上海市优秀学科带头人 . 2011.
4. 结直肠癌肝转移外科和综合治疗 . 2013. 上海市科学技术一等奖 .
5. 结直肠癌肝转移的多学科综合治疗 . 2015. 国家科技进步二等奖 .

● 学术成就概览

许剑民教授，复旦大学附属中山医院结直肠癌中心主任、结直肠外科主任、普外科副主任、外科教研室副主任、复旦大学大肠癌诊疗中心副主任、主任医师、博导。国家卫生和计划生育委员会大肠癌早诊早治专家组成员，国家卫生和计划生育委员会《结直肠癌诊断和治疗标准》和《结直肠癌诊断和治疗规范》制定专家组成员，中国临床肿瘤学理事，中国医疗保健国际交流促进会结直肠癌肝转移治疗专业委员会副主任委员，中国研究型医院学会机器人与腹腔镜外科专业委员会副主任委员，中华医学会外科分会结直肠肛门病学组委员，中华医学会肿瘤分会结直肠学组委员，中国医师协会外科分会委员兼结直肠专委会常委、副秘书长，MDT 专家指导委员会常委和机器人专业委员会常委，中国医师协会肛肠外科分会常委，中国抗癌协会转移委员会常委，中国抗癌协会大肠癌专业委员会常委以及肝转移学组副组长和遗传性大肠癌学组委员，上海市外科协会结直肠肛门病学组副组长，国家自然基金和上海市科委基金评审专家。2011 年他被纳入上海市卫生系统优秀学科带头人计划，2012 年

获上海市优秀学科带头人和领军人才称号。担任《中华胃肠外科杂志》《中国癌症杂志》、*World Journal of Gastroenterology*（*WJG*）、*European Society of Surgery Oncology* 等 10 余本杂志编委，*OncoTargets and Therapy* 杂志副主编。主编专著 5 部，其中英文专著 1 本，参与了卫生部统编教材外科学第 6 版和其他 10 部教材和书稿的编写。2008 年 4 月主笔起草制定了中国第一部《结直肠癌肝转移诊断和综合治疗指南》（草案），2010 年制定正式稿已向全国发布，该指南于 2011 年 4 月已在国外正式发表，并主编国内外第一部《结直肠癌肝转移早期诊断和综合治疗》专著。发表论文 149 篇，其中以第一作者 / 通讯作者发表 SCI 56 篇（包括肿瘤领域权威杂志 *JCO*、外科领域顶级杂志 *Ann Surg*、*Ann of Surg Oncol*、*Oncotarget* 等）。获得发明专利 1 项，"结直肠癌肝转移外科和综合治疗"的系列研究获 2012 年上海市科技进步一等奖和国家教育部科技进步一等奖，2011 年上海市医学科技成果一等奖。"结直肠癌肝转移的多学科综合治疗"获 2015 年国家科技进步二等奖。

自获得领军人才以来，各发面稳固发展。科研上，2012、2014 年获得国家自然基金面上项目资助 2 项，上海市科学技术委员会及卫生和计划生育委员会各项项目 2 项，研究成果 2013 年发表在国际著名杂志 *JCO*，并获得同行的高度评价。带领专业学组定期交流学习，推动基础科研能力。临床上，每年完成手术近 600 余例，达芬奇机器人手术至今完成 800 余台，位居全国前列。积极推动肠癌肝转移多学科全国学习班的开展，每年培养学员 700 余人。举办上海国际大肠癌高峰论坛，至今已成功举办 12 届，尤其是举办的第十届参会人数达千人，得到广泛的好评。受邀参加国际专业领域重要会议如 ASCO、EMSO、ESSO 等，并作会议主席、大会发言。

孙兴怀

专业
眼科学

专业技术职称
教授

工作单位与职务
复旦大学
附属眼耳鼻喉科医院院长

● 主要学习经历

1979.09－1984.07 · 上海第一医学院医学系医学专业　医学学士
1987.11－1990.11 · 上海医科大学研究生院眼科学专业　医学博士

● 主要工作经历

1984.09－1987.10 · 上海第一医学院附属眼耳鼻喉科医院眼科　住院医师
1990.12－1993.11 ·　　　　　　　　　　　　　　　　　主治医师
1993.12－1998.06 ·　　　　　　　　　　　　　　　　　副教授
1998.07－　　　　·　　　　　　　　　　　　　　　　　教授
1999.07－　　　　·　　　　　　　　　　　　　　　　　博士生导师

● 重要学术兼职

2010.09－　·中华医学会眼科学分会委员会　副主任委员
2005.09－　·中国医师协会眼科医师分会　副会长
2009.08－　·《中华眼科杂志》　副总编辑
2010.01－　·《中华眼视光学与视觉科学杂志》　副总编辑
2010.12－　·《中华实验眼科杂志》　副总编辑

● 代表性论文，著作

1. Reduction of the crowding effect in spatially adjacent but cortically remote visual stimuli. Current Biology, 2009, 19(2): 127-32. （通讯作者，IF: 10.992）
2. Group I mGluR-Mediated Inhibition of Kir Channels Contributes to Retinal Müller Cell Gliosis in a Rat Chronic Ocular Hypertension Model.Journal of Neuroscience, 2012, 32(37): 12744-12755. （通讯作者，IF: 6.908）
3. Spectral-domain optical coherence tomographic assessment of Schlemm's canal in Chinese subjects with primary open-angle glaucoma. Ophthalmology, 2013, 120(4): 709-715. （通讯作者，IF: 5.563）
4. Expansion of Schlemms Canal by Travoprost in Healthy Subjects determined by Fourier-Domain Optical Coherence Tomography. Investigative Ophthalmology & Visual Science, 2013, 54(2): 1127. （通讯作者，IF: 3.441）
5. Effectiveness and safety of 0.15% ganciclovir in situ ophthalmic gel for herpes simplex keratitis – a multicenter, randomized, investigator-masked, parallel group study in Chinese patients. Drug Design, Development and Therapy, 2013, 7: 361-368. （通讯作者，IF: 3.486）
6. Microstructure of Parapapillary Atrophy: Beta Zone and Gamma Zone. Investigative Ophthalmology & Visual Science, 2014, 55(1): 918-925. （通讯作者，IF: 3.441）
7. Confirmation and further mapping of the GLC3C locus in primary congenital glaucoma. Frontiers in Bioscience, 2011, 16(6): 2052-2059. （通讯作者，IF: 3.286）
8. 主编．眼科手册．第四版．上海：上海科学技术出版社，2011.

9. 总编 . 眼病诊治图谱与精要丛书 . 上海：复旦大学出版社，2009.
10. 总编 . 眼科新技术应用丛书 . 上海：复旦大学出版社，2009.

● 重要科技奖项

1. 青光眼视网膜神经保护新策略的研究与应用 . 2013. 2012 年上海市医学科技一等奖 . 第 1 完成人 .
2. 青光眼视网膜神经保护新策略的研究与应用 . 2014. 2013 年中华医学科技二等奖 .
3. 青光眼诊治与视功能康复新策略的应用 . 2013. 2013 年上海市科技进步一等奖 .

● 学术成就概览

孙兴怀教授领导的研究团队致力于青光眼视网膜神经损伤及保护研究，探索视觉训练对于挽救晚期青光眼患者残存视功能的可能性，于国内外率先报道大脑皮质功能层面的视觉拥挤效应明显影响青光眼患者的残留视功能；率先发现谷氨酸膜蛋白受体拮抗剂、Shh 因子及视神经萎缩蛋白 OPA1 能够有效阻止青光眼所导致的视网膜神经细胞死亡，提出了青光眼视网膜胶质细胞激活新机制；率先提出青光眼基因先症诊断预测模式、研究验证了基因治疗新技术及组织工程化导管的有效性，为改善临床患者预后做了有益的探索，明确了慢性高眼压猕猴动物模型视网膜微血管损伤的特征，为改善青光眼视网膜循环代谢提供了参考依据。相关成果发表于 *Nat Genetic*（IF: 29.648）、*Curr Bio*（IF: 10.992）、*J Neuroscience*（IF: 6.908）、*Ophthalmology*（IF: 5.563）、*Arch Ophthalmol*（IF: 3.711）、*Front Biosci*（IF: 3.286）、*Invest Ophthalmol Vis Sci*（IF: 3.441）、*Brain Res*（IF: 2.256）等 SCI 收录杂志及《中华医学杂志》《中华眼科杂志》《中华实验眼科学杂志》等国内核心期刊（第 1 完成人）。"青光眼视网膜神经保护新策略的研究与应用"获 2012 年上海市医学科技奖一等奖及 2013 年中华医学科技奖二等奖；"青光眼诊治与视功能康复新策略的应用"获 2013 年上海市科技进步奖一等奖。在孙兴怀教授的指导下，有 5 名研究生获得上海市优秀毕业生，2 名研究生获得复旦大学优秀毕业生，1 名研究生获得上海市优秀博士论文，2 名研究生获得复旦大学优秀博士论文，11 名年轻医生获得国家自然科学基金／青年项目的资助。以上工作奠定了该研究团队在青光眼研究领域的国内外学术地位。入选上海市领军人才后（2012～2014）共发表相关论文 48 篇（通讯作者 31 篇），其中 SCI 论文 40 篇；获得科研课题 3 项：卫生部公益性行业科研专项"常见功能性眼病的诊疗、防控和康复技术体系研究"（2013.06-2016.06，经费

2 311 万）；科技部重大仪器专项子课题"视网膜微循环调节及其与视觉功能关联的研究"（2012.10-2017.09，经费 502 万）；国家自然科学基金国际（地区）合作研究项目（NSFC-RCUK_MRC，中英）"Müller 干细胞促进视网膜内源性再生治疗策略的研究"（2012.10-2013.09，经费 30 万）。获第四届"上海市职工科技创新标兵"称号（2013.5）。"以实践为向导，与国际接轨——眼科 Wetlab 实训室教学体系的构建与应用"获 2013 年高等教育上海市级教学成果奖二等奖（上海市教育委员会，2014.1）。并有一项发明专利授权"一种保护青光眼视神经的药物组合物及其制备方法"（中华人民共和国国家知识产权局，孙兴怀等，专利号 ZL 2011 1 0073939.71 公告日 2013.10.9）。此外，还获 2014 年度中华眼科杰出成就奖（中华医学会眼科学分会最高奖）、全国优秀院长奖（中国医院协会）。2014 年 5 月起担任卫生部近视眼重点实验室主任，2014 年 6 月起担任上海市医师协会眼科医师分会第一届委员会会长。

李笑天

专业

妇产科学

专业技术职称

教授，主任医师

工作单位与职务

复旦大学
附属妇产科医院副院长

● 主要学习经历

1983.09－1988.08 · 浙江医科大学　学士
1990.09－1993.08 · 上海医科大学　硕士
1994.08－1997.08 · 上海医科大学　在职博士

● 主要工作经历

1988.08－1990.08 · 浙江省仙居县下各镇中心医院　医师
1993.08－1997.07 · 原上海医科大学附属妇产科医院　妇产科医师、主任医师
1998.08－2009.03 · 复旦大学附属妇产科医院　副主任医师、主任医师、教授
2004.02－2010.07 · 复旦大学附属妇产科医院　产科主任
2010.07－ 至今　· 复旦大学附属妇产科医院　业务副院长

● 重要学术兼职

2014.03－ 至今　· 中华医学会围产医学分会　副主任委员
2013.03－2015.06 · 上海市医学会围产医学分会　主任委员
2005.08－2012.03 · 上海市医学会妇产科分会　委员
2006.08－2012.03 · 上海市医学遗传学分会　委员
2014.03－ 至今　· 《中华围产医学杂志》　副主编
2015－ 至今　· 《中国实用妇科与产科杂志》　副主编
2016－ 至今　· 《复旦学报》（医学版）　副主编

● 代表性论文，著作

1. Zhou Q, Shen J, Zhou G, Shen L, Zhou S, Li X*. Effects of magnesium sulfate on heart rate, blood pressure variability and baroreflex sensitivity in preeclamptic rats treated with L-NAME. Hypertension in Pregnancy, 2013, 32(4): 422-431.

2. Mao L, Zhou Q, Zhou S*, Wilbur RR, Li X*. Roles of Apolipoprotein E (ApoE) and Inducible Nitric Oxide Synthase (iNOS) in Inflammation and Apoptosis in Preeclampsia Pathogenesis and Progression. PLoS One, 2013, 8(3): e58168.

3. Y Kang, X Dong, Q Zhou, Y Zhang, Y Cheng, R Hu, C Su, H Jin, X Liu, D Ma, W Tian* and X Li*.Identification of novel candidate maternal serum protein markers for Down syndrome by integrated proteomic and bioinformatic analysis. Prenatal Diagnosis, 2012, 32: 1-9.

4. Zhou QJ, Ren Y, Li X*. Fetal tissue Doppler imaging markers in pregnancy: a cross sectional study of women complicated with preeclampsia with/without intrauterine growth restriction. Prenatal Diagnosis, 2012, 18: 1-8.

5. QJ Zhou, Y Xiong, Y Chen, YY Du, J Zhang, JG Mu, QS Guo, HJ Wang, D Ma, Li X*. Effects of tissue factor pathway inhibitor-2 expression on biological behavior of BeWo and JEG-3 cell line. Clinical and Applied Thrombosis/Hemostasis, 2012, 18(5): 526-533.

6. Jin H, Hu R, Cheng Y, Yang F, Zhou X, Li X*, Yang PY*. Differential protein expression level identification by knockout of 14-3-3 with siRNA technique and 2DE followed MALDI-TOF-TOF-MS. Analyst, 2011, 136(2): 401-406.

7. Liang H, Zhou S, Li X*. Knowledge and Use of Folic Acid for Birth Defect Prevention among Women of Childbearing Age in Shanghai, China. Med Sci Monit, 2011, 17(12): PH87-92.

8. Ren Y, Zhou Q, Yan Y, Chu C, Gui Y, Li X*. Characterization of fetal cardiac structure and function detected by echocardiography in women with normal pregnancy and gestational diabetes mellitus. Prenat Diagn, 2011, 31: 459-465.

9. Y Cheng, R Hua, H Jin, K Ma, S Zhou, H Cheng, D Ma, X Li*. Effect of 14-3-3 tau protein on differentiation in BeWo choriocarcinoma cells. Placenta, 2010, 31(1): 60-66.

10. H Jin, K Ma, R Hu, Y Chen, F Yang, J Yao, X Li*, P Yang*. Analysis of expression and comparative profile of normal placental tissue proteins and those in preeclampsia patients using proteomic approaches. Analytica Chemica Acta, 2008, 629: 58-16.

● 重要科技奖项

1. 胎儿心率变异性的数字信号处理技术 . 2009. 上海市医学三等奖 . 项目负责人 .

2. 妇产科教学 . 2008. 复旦大学普康奖教金 .

3. 研究生教学 . 2008. 复旦大学复华奖教金优秀研究生导师奖 .

4. 妊娠高血压疾病的压力反射敏感性特征 . 2006. 上海市"优秀医苑新星"二等奖 . 项目负责人 .

5. 医学遗传学 . 2006. 国家精品课程 . 第 3 完成人 .

6. 教育部新世纪优秀青年人才计划 .

7. 2001. 上海市"新长征突击手标兵".

8. 2001. 上海市卫生系统"银蛇奖"二等奖 .

9. 上海市"优秀医苑新星"二等奖 .

10. 胎儿窘迫的病理生理的临床和实验研究 . 2000. 上海市科技进步三等奖 . 项目负责人 .

● 学术成就概览

李笑天教授长期从事产科临床和科研工作,主要专长为高危妊娠和产前诊断,包括出生缺陷的产前诊断的方法和策略、妊娠高血压疾病的发病机制和病理生理机制、胎儿窘迫的病理生理机制、胎儿监护的信号处理技术及其应用等。

以李笑天教授为学科带头人的产科技术团队,分为 4 个亚专科(母体医学、胎儿医学、普通产科、一级预防),2004 年组建产前诊断中心,目前常规开展出生缺陷产前筛查 6 000 例,产前诊断 500 人次。2007 年开展全国首例子宫外产时处理(EXIT)手术,目前完成 4 例。

2009 年 5 月成立上海市出生缺陷一级预防指导中心,由李笑天教授负责上海市一级预防工作的技术指导、培训、质控和技术开发等工作,协助国家和上海市卫生和计划生育委员会制定相关规范和指南。

近年来,李笑天教授主要的研究方向为出生缺陷的产前诊断的方法和策略、妊娠高血压疾病的发病机制和病理生理机制、胎儿医学诊疗技术等。申请获得了上海市优秀学科带头人(2012 ~ 2014,孕前甲状腺功能低下筛查的临床应用价值探究)、国家自然科学基金项目(2012 ~ 2017,14-3-3 及其 DNA 甲基化调控在子痫前期发病机制中的作用)、参与 2013 卫生部行业基金(2014 ~ 2018,常见高危胎儿诊治技术标准及规范的建立与优化)、上海市公共卫生重点学科建设计划资助(12GWZX0301)研究等。在胎儿医学方面,采用大样本量的队列研究,建立超声检查技术(孕早期筛查、先心筛查和诊断、胎儿心功能评价)、核磁共振技术(神经系统、颈部和胸腹部畸形)和分子生物学技术(aCGH、芯片技术)、胎儿镜和激光治疗技术、EXIT 处理技术以及射频消融技术规范,并建立常见疾病的诊治流程和规范。在子痫前期方面,采用病例对照研究分析正常妊娠和子痫前期胎盘中 14-3-3tau 甲基化 / 羟甲基化、组蛋白修饰特点,其次采用体外细胞培育,分析滋养细胞株在低氧状态下对 14-3-3tauDNA 甲基化 / 羟甲基化状态和对细胞生物学性状影响,最后通过转染技术和 RNAi 技术,调控 Tet1,探究 5hmC 对 14-3-3tau 甲基化 / 羟甲基化、组蛋白修饰的作用。在妊娠合并甲状腺功能减退方面,采用前瞻性队列研究,评估孕前甲状腺功能筛查对治疗妊娠合并甲减及改善母儿预后的临床应用价值,旨在为全面实施围孕期甲状腺功能筛查诊疗提供理论依据。建立常见高危妊娠标本库,为进一步研究疾病机制提供基础。

何 奔

专业

内科学

专业技术职称

教授，主任医师

工作单位与职务

上海交通大学医学院
附属仁济医院

主要学习经历

1980-1985	· 福建医科大学医学系　学士
1987-1990	· 福建医科大学医学系　硕士
1990-1993	· 上海第二医科大学附属仁济医院　博士

主要工作经历

1993.07-1999.11	· 上海交通大学医学院附属仁济医院　主治医师、副主任医师
1999.12-2003.07	· 上海市第一人民医院　副主任医师、主任医师、科副主任
2003.08- 至今	· 上海交通大学医学院附属仁济医院　主任医师、科主任

重要学术兼职

2008-	· 中国医师协会心血管分会　常务委员
2010-	· 美国心脏学院　专家会员
2011-	· 海峡两岸医药卫生协会心血管分会 副主任委员
2012-	· 上海市心血管病学会　副主任委员
2014-	· 中华心血管病学会 常务委员

代表性论文，著作

1. Sun S, Zhang T, Nie P, Hu L, Yu Y, Cui M, Cai Z, Shen L, He B. A novel rat model of contrast-induced acute kidney injury. Int J Cardiol, 2014, 172(1): e48-50.
2. Pu J, Yuan A, Shan P, Gao E, Wang X, Wang Y, Lau WB, Koch W, Ma XL, He B. Cardiomyocyte-expressed farnesoid-X-receptor is a novel apoptosis mediator and contributes to myocardial ischaemia/reperfusion injury. Eur Heart J, 2013, 34(24): 1834-1845.
3. Shen LH, Wan F, Shen L, Ding S, Gong XR, Qiao ZQ, Du YP, Song W, Shen JY, Jin SX, Pu J, Yao TB, Jiang LS, Li WZ, Zhou GW, Liu SW, Han YL, He B. Pharmacoinvasive therapy for ST elevation myocardial infarction in China: a pilot study. J Thromb Thrombolysis, 2012, 33(1): 101-108.
4. Jin SX, Shen LH, Nie P, Yuan W, Hu LH, Li DD, Chen XJ, Zhang XK, He B. Endogenous renovascular hypertension combined with low shear stress induces plaque rupture in apolipoprotein E-deficient mice. Arterioscler Thromb Vasc Biol, 2012, 32(10): 2372-2379.
5. Yao T, Ying X, Zhao Y, Yuan A, He Q, Tong H, Ding S, Liu J, Peng X, Gao E, Pu J, He B. Vitamin D Receptor Activation Protects against Myocardial Reperfusion Injury through Inhibition of Apoptosis and Modulation of Autophagy. Antioxid Redox Signal, 2015, 22(8): 633-50.
6. Lyu T, Zhao Y, Zhang T, Zhou W, Yang F, Ge H, Ding S, Pu J, He B. Natriuretic peptides as an adjunctive treatment for acute myocardial infarction: insights from the meta-analysis of 1,389 patients from 20 trials. Int Heart J, 2014, 55(1): 8-16.
7. Jiang M, Mao JL, Pu J, He B. Timing of early angiography in non-ST elevation acute coronary syndrome. J Invasive Cardiol, 2014, 26(2): 47-54.

8. He Q, Pu J, Yuan A, Lau WB, Gao E, Koch WJ, Ma XL, He B. Activation of Liver-X-Receptor alpha But Not Liver-X-Receptor beta Protects Against Myocardial Ischemia/Reperfusion Injury. Circ Heart Fail, 2014, 7(6): 1032-1041.

9. Ding S, Xu L, Yang F, Kong L, Zhao Y, Gao L, Wang W, Xu R, Ge H, Jiang M, Pu J, He B. Association between tissue characteristics of coronary plaque and distal embolization after coronary intervention in acute coronary syndrome patients: insights from a meta-analysis of virtual histology-intravascular ultrasound studies. PLoS One, 2014, 9(11): e106583.

10. Jiang M, Mao JL, He B. Clinical definition of the axillary vein and experience with blind axillary puncture. Int J Cardiol, 2012, 159(3): 243-245.

● 重要科技奖项

1. 急性冠脉综合征心肌灌注体系建立与预后干预 . 2013. 获中华医学科技二等奖 . 排名第 1.

2. 新型心肌组织水平灌注评价体系的建立与优化 . 2012. 获国家教育部科技进步二等奖 . 排名第 1.

3. 冠心病氧化应激的临床与基础研究 . 2009. 获上海市医学科技二等奖 . 排名第 1.

● 学术成就概览

何奔教授，现为上海交通大学医学院附属仁济医院心内科主任、上海交通大学一流学科心血管学科带头人、中华心血管学会全国委员、中国心血管医师协会全国常委、海峡两岸医药卫生交流协会心血管专业委员会副主任委员、上海医学会理事、上海心血管病学会副主任委员兼青年学组组长、美国心脏学院专家会员（FACC）。2012 年入选上海市领军人才后，何奔教授带领仁济心内科团队在医疗、教学和科研等方面取得了显著成绩。

何奔教授致力于冠心病事件链触发机制及干预研究，带领团队针对既往急性心梗介入手术只注重开通心脏外膜血管，没有足够重视心肌是否得到有效灌注的问题，成功建立了一套新型心肌梗死心肌组织水平灌注定量评估体系（TMPFC），并以此为基础系统研究了用于优化心肌梗死心肌组织水平灌注的影响因素，发现心肌组织水平灌注作为最强独立预测因子对急性心肌梗死患者的预后价值，提出干预心肌组织水平灌注的新靶点，相关研究成果得到国内外同行的高度认可并被写入国内相关指南，先后获得 2012 年度教育部"科技进步二等奖"和 2013 年度中华医学会"科技进步二等奖"。为了适应我国人口众多、介入资源短缺的国情，在学界何奔教授首先提出药物介入治疗策略，并与 120 急救中心联合在国内率先开展院前溶栓，极大缩短急性心梗患者心肌再灌注时间，并牵头制定了中国急性心肌梗死介入治疗专家共识，相关研究被评为 2012 年"中国心血管领域十大重要原创性研究成果"。目前由何奔教授牵头，以急性 ST 段抬高心肌梗死患者溶栓后早期 PCI 治疗为原则的国际前瞻性多中心、随机临床试验，已在国际临床试验注册中心成功注册（EARLY-MYO trial; clinicaltrials.gov NCT 01014182），国内由上海交通大学医学院附属仁济医院心内科牵头，全国 10 余家心脏中心参加，并形成 EARLY-MYO 系列临床研究。此外，何奔教授带领的团队以核受体在冠心病事件链的靶点作用为抓手，先后于 2012 ~ 2013 年度在 *Eur Heart J*、*ATVB* 等心血管权威期刊发表一系列转化医学研究，并以此为基础在 2013 年度成功申请国家自然基金重点项目等科研项目，目前资助经费 1 000 余万元。近年来在国内外学术期刊上发表论文 150 余篇，以通讯作者身份发表 SCI 收录全文论文 50 多篇，总影响因子达 150 分，其中"表现不俗"论文 10 余篇，论文被引用上百次。

作为学科带头人和医学领域的领军人才，何奔教授始终把病人的健康和利益放在首位，孜孜不倦地攀登学术高峰，不仅在心血管病学临床及科研都取得了丰硕成果，更致力于学科团队人才的培养，培养的青年团队先后入选"教育部新世纪优秀人才""上海市银蛇奖""上海市曙光人才""上海市科技启明星"等人才计划；学科带头人何奔教授亦于 2012 年获得"上海领军人才"后，又于 2012 ~ 2014 年度获得"全国师德师风先进个人"、上海市"十佳"医生、上海市"五一劳动奖章"。在他的带领下，上海交通大学医学院附属仁济医院心内科先后入选卫生部国家临床重点专科、教育部 211 工程全国重点学科、卫生部首批冠脉介入培训基地、首批美国心脏学院继续教育学院及上海市教委重点实验室，仁济心内科在国内乃至国际心血管领域的学术影响力飞速提升。

余 波

专业

外科学

专业技术职称

主任医师

工作单位与职务

上海市浦东医院院长

● 主要学习经历

1980.09−1983.06 · 江西医学院九江分院医疗系临床医学　学士
1990.09−1992.06 · 复旦大学上海医学院外科学　硕士
1992.09−1995.06 · 复旦大学上海医学院外科学　博士

● 主要工作经历

1995.07 月 − 至今 · 复旦大学附属华山医院外科　副主任
2011.04 月 − 至今 · 上海市浦东医院　院长

● 重要学术兼职

2010.09− 至今 · 上海医学会普外科分会委员　区县协作组组长
2013.10− 至今 · 中国医师协会血管外科专业委员会　常务委员
2013.12− 至今 · 第六届上海市中西医结合学会外科专业委员会　副主任委员
2016.08− 至今 · 浦东新区医学会普外科专委会　主任委员
2016.09− 至今 · 国家脑防委缺血性脑卒中专家委员会　副主任委员

● 代表性论文，著作

1. Liang K, Zhu L, Tan J, Shi W, He Q, Yu B. Identification of autophagy signaling network that contributes to stroke in the ischemic rodent brain xiagene expression. Neuroscience Bulletin, 2015, 31(4): 480-490.
2. JIN-YUN TAN, LUO-QI JIA, WEI-HAO SHI1, QING HE, LEI ZHU and BO YU. Rab5a-mediated autophagy regulates the phenotype and behavior of vascular smooth muscle cells. Mol Med Report, 2016,14(5): 4445-4453.
3. Dan Yang, Peng Zhang, Tingfeng Wang, Lili Gao, Zhengdong Qiao, Yongjun Liang and Bo Yu*. SalA attenuates ischemia/reperfusion-induced endothelial barrier dysfunction via down-regulation of VLDL receptor expression. Cellular Physiology and Biochemistry, 2014, 33: 747-757.
4. Jin Yun Tan, Jian Chuan Wen, Wei Hao Shi, Qing He, Lei Zhu, Kun Liang, Zheng Zhong Shao and Bo Yu*. Effect of microtopographic structures of silk fibroin on endothelial cell behavior. Molecular Medicine Reports, 2013, 7(1): 292-298.
5. Wu L, Zhu L, Shi W H, et al. Zoledronate inhibits intimal hyperplasia in balloon-injured rat carotid artery. European Journal of Vascular & Endovascular Surgery the Official Journal of the European Society for Vascular Surgery, 2011, 41(2): 288-293.
6. Zhu L, Wu L, Yu B, et al. The participation of a neurocircuit from the paraventricular thalamus to amygdala in the depressive like behavior. Neuroscience Letters, 2011, 488(1): 81-86.
7. Ma Z, Wang H, Wu L, et al. RNAi-mediated Rab5a suppression inhibits proliferation and migration of vascular smooth muscle cells. Acta Cardiologica, 2010, 65(5): 507-514.
8. Wu L, Zhu L, Shi W H, et al. Zoledronate inhibits the proliferation, adhesion and migration of vascular smooth muscle cells. European Journal of Pharmacology, 2009, 602(1): 124-131.
9. 余波，王巍，史伟浩等 . 近端血流阻塞式脑保护装置下颈动脉支架成形术的临床研究 . 中华外科杂志，2010, 48(7): 526-529.

10.余波，陈新石.颈动脉硬化狭窄外科治疗的现状.中华医学杂志，2008, 88(12): 793-796.

● 重要科技奖项

Rab5a 蛋白对动脉粥样硬化闭塞性疾病中平滑肌细胞表型转变的作用及机制研究.2016.浦东新区科技进步三等奖.第 1 完成人.

● 学术成就概览

余波主任领导的上海市浦东医院和华山医院血管外科团队是国内最大的以颈动脉外科诊疗为特色的血管外科中心之一，每年完成数百列大中型血管外科手术，如腹主动脉瘤腔内支架隔绝术、肢体动脉狭窄的介入治疗、主髂动脉硬化闭塞症的腹主双股动脉人造血管旁路移植术、颈动脉内膜切除术等。现每年主刀完成大量血管外科开放及腔内手术，是开展颈动脉内膜切除术及腹主动脉瘤国产一体式腔内支架隔绝术全国例数最多的单中心之一。

近年来，其作为项目负责人完成多项包括国家自然科学基金项目、国家教育部基金和上海市科委科技攻关项目等多项课题，并在国内外杂志上共发表论文 30 多篇，参加《实用外科学》等多部专著编写，曾在国际著名血管外科杂志 *J Vascular Surg* 发表论文，首次报道颈动脉硬化斑块双腔征，是国内最早实践颈动脉内膜切除术等血管外科手术的学者；在国际上首先证明平滑肌细胞是血管内膜增生的间质效应细胞，也是首位将低频电刺激引入干细胞移植治疗肢体缺血的学者，多次担任国际及全国血管外科会议主席。

余波主任作为上海市医学重点专科血管外科的学科带头人，积极推动血管外科的规范化治疗和临床标准的制定，并作为上海市血管外科质控组副组长，积极推进上海市血管外科质控工作。2004 年起，其负责主持国家级颈动脉硬化狭窄外科治疗的继续医学教育学习班并进行手术演示，

至今已举办 12 届，为全国培养了一批颈动脉手术的专门人才。此外，其作为国家卫生和计划生育委员会脑防委脑卒中专家委员会副主委、脑防委颈动脉硬化外科干预专家巡讲团首席专家，始终致力于脑卒中的二级预防，积极参与构建全国脑卒中筛查与防治体系，至 2011 年已建立起浦东南片基本防治督查体系，截至目前，浦东地区共筛查近万例脑卒中患者，提高了缺血性脑卒中的干预及预防的成功率。

2012 年作为上海领军人才培养对象，连续四届担任中国脑卒中大会外科干预论坛秘书长，并被评为 2013 年国家卫生和计划生育委员会脑卒中筛查与防治工作优秀中青年专家；2014 年当选中国医师协会血管外科专业委员会常务理事；获得了复旦大学优秀管理十佳光荣称号。近 3 年来，招录复旦大学博士研究生 4 名，硕士研究生 1 名，以第一作者或通讯作者发表 SCI 论文 4 篇，成功立项上海市科委重点研究项目 1 项及浦东新区联合攻关项目 1 项，2014 年所领衔的"糖尿病与肥胖外科"获得浦东新区重点学科群资助。2015 年所领衔的血管外科再次获得新一轮上海市医学重点专科建设资助。

张陈平

专业

口腔临床医学

专业技术职称

教授，主任医师

工作单位与职务

上海交通大学医学院
附属第九人民医院、口腔颌面－
头颈肿瘤科主任

主要学习经历

1978.02－1982.12 · 上海第二医科大学口腔医学院　学士
1986.09－1989.07 · 上海第二医科大学口腔医学院　硕士
1989.09－1992.07 · 上海第二医科大学口腔医学院　博士

主要工作经历

1989.07－1990.09 · 原上海第二医科大学附属第九人民医院口腔颌面外科　总住院医师
1990.10－1994.09 · 原上海第二医科大学附属第九人民医院口腔颌面外科　主治医师
1994.10－1998.09 · 原上海第二医科大学附属第九人民医院口腔颌面外科　副教授、副主任医师
1998.10－2012.03 · 上海交通大学医学院附属第九人民医院口腔颌面外科　教授、主任医师
2012.03－ 至今　 · 上海交通大学医学院附属第九人民医院口腔颌面－头颈肿瘤科　教授、主任医师

重要学术兼职

2007－ 至今　　 · 爱丁堡皇家外科学院　院士
2010.10－ 至今　 · 国际口腔颌面外科协会口腔颌面肿瘤切除与修复重建培训中心　主任
2014.09－ 至今　 · 中华口腔医学会口腔颌面修复重建专委会　副主任委员
2012.10－2018.10 · 上海口腔医学会口腔颌面－头颈肿瘤专委会　主任委员
2015.07－2019.07 · 上海抗癌协会头颈肿瘤专业委员会　主任委员
2015.09－ 至今　 · 中国抗癌协会头颈肿瘤专委会　副主任委员

代表性论文，著作

1. Identification of acid-sensing ion channels in adenoid cystic carcinomas. Biochem Biophys Res Commun, 2007, 355(4): 986-992.
2. MicroRNAs contribute to the chemoresistance of cisplatin in tongue squamous cell carcinoma lines. Oral Oncol, 2010, 46(4): 317-322.
3. Synovial sarcoma involving skull base--a retrospective analysis of diagnosis and treatment of 21 cases in one institution. Oral Oncology, 2011, 47(7): 671-676.
4. Increased expression of Toll-like receptor-9 has close relation with tumour cell proliferation in oral squamous cell carcinoma. Archives of Oral Biology, 2011, 56(9): 877-884.
5. Shikonin inhibits tumor invasion via down-regulation of NF-kB-mediated MMP-9 expression in human ACC-M cells. Oral Diseases, 2011, 17(4): 362-369.
6. Tumor-initiating cells are enriched in CD44hi population in murine salivary gland tumor. Plos One, 2011, 6(8): e23282.
7. Dental implant distractor combined with free fibular flap: a new design for simultaneous functional mandibular reconstruction. J Oral Maxillofac Surg, 2012, 70(11): 2687-2700.
8. A novel fibula osteotomy guide for mandibular reconstruction. Plast Reconstr Surg, 2012, 129(5): 861-863.
9. Oral cancer development in patients with leukoplakia--clinicopathological factors affecting outcome. Plos One, 2012, 7(4): e34773.

● 重要科技奖项

1. 下颌骨缺损功能重建的系列研究 . 2006. 中华医学科技二等奖 . 第 1 完成人 .
2. 下颌骨缺损形态与功能重建 . 2010. 上海市科技进步一等奖 . 第 1 完成人 .
3. 口腔颌面肿瘤根治术后缺损的形态与功能重建 . 2007. 国家科学技术进步二等奖 . 第 3 完成人 .

● 学术成就概览

　　张陈平教授致力于口腔颌面头颈肿瘤的临床及基础研究，擅长头颈肿瘤的外科治疗和口腔颌面部缺损功能重建，尤其关注口腔颌面部肿瘤根治术及术后形态修复与功能重建。累计医治颌面肿瘤病人万余例。在晚期恶性肿瘤或复发恶性肿瘤方面有所创新，明显提高了口腔颌面部晚期恶性肿瘤患者的生存率和生存质量，近 3 年来专注于中晚期口腔 / 口咽癌的治疗方案优化，在上海市科委生物医药重大项目的资助下完成了"西妥昔单抗联合化疗治疗中晚期口腔 / 口咽癌的临床随机前瞻性研究"，项目已顺利完成，在此基础上注重生物标记物的研究，以筛选治疗敏感人群，最终实现个体化治疗，2012 年以来个人已发表相关肿瘤分子研究 SCI 论文 6 篇。

　　他在国际上享有声誉，尤其是下颌骨功能性治疗及缺损的修复重建得到了国际同行的广泛认可。他率先从保存下颌骨功能、修复下颌骨功能以及下颌骨重建术后功能评价 3 个方面对下颌骨缺损的形态与功能重建

进行了系统研究取得了系列成果，首创并临床初步应用血管化腓骨结合同期牵引牙种植（DID）技术行下颌骨功能性重建，临床应用 50 余例，收到良好的效果，在国际口腔颌面外科大会上作大会发言发表 SCI 论文，发明了下颌骨规范性重建应用的截骨板成果发表在修复重建的权威杂志 *Plastic and Reconstruction Surgery* 上。近 2 年来，获得国家发明专利授权 1 项，发表功能性修复重建方向 SCI 论文 4 篇。

　　由于他在业界卓越的领导力和认可度，近年来新担任了新成立的中华口腔医学会口腔颌面修复重建专委会副主任委员、爱丁堡皇家外科学院头颈肿瘤培训中心主任、上海抗癌协会头颈肿瘤专委会主任委员、上海口腔医学会口腔颌面 - 头颈肿瘤专业委员会主任委员，促进、带动全国整个口腔修复重建专业的发展，推动了上海乃至全国的头颈肿瘤规范化治疗，并倡导了临床多中心实验的开展，促进临床与基础间转化医学研究。

范慧敏

专业

外科学

专业技术职称

教授，主任医师，博士生导师

工作单位与职务

同济大学附属东方医院心衰专科
主任，心脏外科副主任
上海市心力衰竭研究中心常务副
主任

● 主要学习经历

1981.09−1986.08 • 河南医科大学医疗系　学士
1996.09−2001.06 • 同济医科大学附属协和医院心脏外科　硕、博士研究生

● 主要工作经历

1986.09−1996.09 • 河南省三门峡市人民医院普外科、胸外科　主治医师，兼院团委书记
2001.06− 至今　• 同济大学附属东方医院心胸外科、心衰专科、心衰研究所　副主任医师（2002.12），副教授
　　　　　　　　　（2003.06），主任医师（2007.12），教授（2008.07），博士研究生导师（2008.12）；东方医院
　　　　　　　　　心脏医学部副主任，心血管病研究室主任；同济大学东方转化医学平台移植免疫研究所执行
　　　　　　　　　所长；心力衰竭研究所常务副所长；上海市心力衰竭研究中心常务副主任
2003.02−2003.03 • 德国柏林心脏中心　访问学者
2003.10−2003.11 • 日本东京医科大学　专项学习

● 重要学术兼职

2011.10−　　　　• 中国系统仿真学会生命建模委员会　副主任委员
2012.09−　　　　• 中国医师协会冠心病委员会　委员
2014.09−　　　　• 中国中西医结合学会心血管专业委员会　委员
2013.08−　　　　• 中国免疫学会移植免疫分会　委员
2013.08−　　　　•《中国比较医学杂志》/《中国实验动物学报》　副总编

● 代表性论文，著作

1. Xiaohui Zhou, Bin Li, Huimin Fan, Zhongmin Liu. Control of regulatory T cells and T helper cells in human diseases: from bench to bedside. J Mol Cell Bio, 2013, 5(3): 210-211. （通讯作者）

2. Zhenzhen Zhan, Xuefeng Xie, Hao Cao, Xiaohui Zhou, Xu Dong Zhang, Huimin Fan*, Zhongmin Liu. Autophagy facilitates TLR4- and TLR3-triggered migration and invasion of lung cancer cells through the promotion of TRAF6 ubiquitination. Autophagy, 2014, 10(2): 257-268. （通讯作者）

3. Zhixiang Guo, Xiaohui Zhou, Jing Li, Qingshu Meng, Hao Cao, Le Kang, Yinkai Ni, Huimin Fan, Zhongmin Liu. Mesenchymal stem cells reprogram host macrophages to attenuate obliterative bronchiolitis in murine orthotopic tracheal transplantation. International Immunopharmacology, 2013, 15(4): 726-734. （通讯作者）

4. Qian Shi, Hao Cao, Jian Liu, Xiaohui Zhou, Qin Lan, Songguo Zheng, Zhongmin Liu, Qinchuan Li, Huimin Fan. CD28 Superagonist Antibody Treatment Attenuated Obliterative Bronchiolitis in Rat Allo-Orthotopic Tracheal Transplantation by Preferentially Expanding Foxp3-Expressing Regulatory T Cells. Transplant Proc, 2012, 44(4): 1060-1066. （通讯作者）

5. Lan Q, Fan H, Quesniaux V, Ryffel B, Liu Z, Zheng SG. Induced Foxp3 (+) regulatory T cells: a potential new weapon to treat autoimmune and inflammatory diseases?. J Mol Cell Biol, 2012, 4(1): 22-28. （共同第一作者）

6. Su W, Fan H, Chen M, Wang J, Brand D, He X, Quesniaux V, Ryffel B, Zhu L, Liang D, Zheng SG. Induced CD4(+) forkhead

box protein-positive T cells inhibit mast cell function and established contact hypersensitivity through TGF-β1. J Allergy Clin Immunol, 2012, 130(2): 444-457. e7. (共同第一作者)

7. Fan H, Cao P, Game DS, Dazzi F, Liu Z, Jiang S. Regulatory T cell therapy for the induction of clinical organ transplantation tolerance. Seminars in Immunology, 2011, 23(6): 453-461.

8. Huimin Fan, Zhongmin Liu (Corresponding authors), Shuiping Jiang. Th17 and regulatory T cell subsets in diseases and clinical application. International Immunopharmacology, 2011, 11: 535-535.

9. Qian Shi, Hao Cao, Jian Liu, Xiaohui Zhou, Qin Lan, Songguo Zheng, Zhongmin Liu, Qinchuan Li, Huimin Fan. CD4+Foxp3+ Regulatory T cells Induced by TGF-β, IL-2 and All-trans Retinoic Acid Attenuate Obliterative Bronchiolitis in Rat Trachea Transplantation. International Immunopharmacology, 2011, 11(11): 1887-1894. (通讯作者)

10. Xiaohui Zhou, Julie Wang, Wei Shi, David D Brand, Zhongmin Liu, Huimin Fan (通讯作者) and Song Guo Zheng. Isolation of purified and live Foxp3+ regulatory T cells using FACS sorting on scatter plot. J Molecular cell biology, 2010, 2: 164-169.

● 重要科技奖项

1. 2012. 上海医学科技二等奖. 第1完成人.
2. 2012. 中华医学科技二等奖. 第2完成人.
3. 2012. 教育部度高等学校科学研究优秀成果二等奖. 第1完成人.
4. 2013. 浦东科技进步一等奖. 第1完成人.

● 学术成就概览

范慧敏教授，同济大学附属东方医院心脏外科教授、主任医师、博士研究生导师，上海领军人才，上海市优秀学科带头人，上海市曙光学者。做为负责人以及主要负责人先后承担国家、省部级课题20项，包括科技部"973"前期专项负责人、"973"骨干、国家"863"项目副组长，科技部中法合作项目主要负责人，国家自然科学基金项目3项，上海市科委/上海市卫生和计划生育委员会重大项目（重点项目）10项等，在国内外核心刊物上发表论文100余篇，SCI文章20篇。相关文章发表在 *PLoS One*，*Cell Immunol*，*Sci Signal*，*Semin Immunol*，*J MCB* 等杂志上。

科研主攻领域及成果体现主要在心衰专科学科建设、心力衰竭干细胞治疗、心肺移植免疫以及心室机械辅助方面。

（1）在国内率先建立独立心衰专科，开展心衰疾病管理新策略：在上海市心力衰竭重点专科的基础上，2013年，正式成立国内第一个独立的心衰专科。学科以心力衰竭综合治疗为特色，引入"疾病管理"理念，形成心衰内科和心衰外科无缝结合治疗以及心衰研究临床转化新模式。心衰专科根据患者的分层确定最适宜诊治方案，通过制定心衰临床路径

促进心力衰竭药物和非药物治疗的规范化实施。在心衰外科治疗包括重症瓣膜病、冠心病、心肌病等外科优化手术治疗，为患者提供就诊、住院、手术、术后随访以及社区管理一站式疾病管理模式；同时开展中西医结合心衰治疗以及心衰的智慧医疗远程管理等项目。

（2）在移植免疫领域，提出固有免疫以及胶原的在OB中作用及机制：在国际上首次报道采用新的方法纯化具有活性的Tregs，在体外成功诱导具有免疫抑制功能的大鼠Tregs；在国际上率先使用atRA稳定nTregs在炎症环境中的表型和功能，这一发现将克服nTregs在临床治疗中缺陷，为防治移植排斥反应开辟新的契机；在国内建立小鼠肺移植模型，在国内首次应用抗IL-23抗体通过抑制效应性Th17、应用抗CD28超抗体增加体内的Tregs并减轻肺移植后OB的病理程度，为肺移植后OB的治疗提供一个新的思路。

（3）干细胞研究领域，在成功分离出大鼠CSCs基础上，开展CSCs联合MSCs移植，发现大鼠心脏干细胞移植可以通过旁分泌机制上调促血管新生因子的表达，从而一定程度上改善梗死后心功能。当联合使用心脏干细胞和骨髓间充质干细胞时对梗死后血管新生的刺激作用和对心功能的改善更加明显。

（4）在人工心脏研究领域，作为主要负责人，在前期国产可植入式心室辅助装置（NIVAD）研制的基础上，发明了一种植入式自悬浮轴流泵系统。这种自悬浮轴流泵的优点是既具有磁悬浮轴流泵的优点，又没有磁悬浮轴流泵的磁悬浮控制系统，因此具有结构紧凑、尺寸小、重量轻、使用寿命长的优点。初步动物实验效果良好，已申请国家发明专利2项。目前正在进行产业化合作。

周 俭

专业

外科学

专业技术职称

教授，主任医师

工作单位与职务

复旦大学
附属中山医院副院长

主要学习经历

1985.07−1991.06 · 上海医科大学医学系医学专业　医学学士
1997.07−2001.01 · 复旦大学研究生院　外科学博士

主要工作经历

2014.10− 至今　· 复旦大学附属中山医院　副院长
2016.04− 至今　· 上海市徐汇区中心医院　院长
2014.02− 至今　· 复旦大学附属中山医院肝外科、复旦大学肝癌研究所肝外科　主任
2014.03− 至今　· 中山医院肝癌研究所副所长
1991.07−2014.02 · 复旦大学附属中山医院肝外科、复旦大学肝癌研究所肝外科　住院医师、主治医师、副主任医师、主任医师、副主任
2003.05−2003.11 · 美国匹兹堡 Thomas E. Starzl 移植研究所　高级访问学者
2009− 至今　· 上海市器官移植重点实验室　副主任
2010− 至今　· 复旦大学生物医学研究院　双聘 PI

重要学术兼职

2013.10− 至今　· 中国抗癌协会肝癌专业委员会　侯任主任委员
2013.12− 至今　· 中华医学会肿瘤学分会　秘书长
2015.05− 至今　· 中国医师协会外科医师分会肝脏外科医师委员会　副主任委员兼秘书长
2015.08− 至今　· 中国免疫学会移植免疫学分会　副主任委员
2015.06− 至今　· 上海市医师协会肿瘤科医师分会第一届委员会　秘书长

代表性论文，著作

1. Zhou SL, Zhou ZJ, Hu ZQ, Huang XW, Wang Z, Chen EB, Fan J, Cao Y, Dai Z, Zhou J(correspondence author). Tumor-Associated Neutrophils Recruit Macrophages and T-Regulatory Cells to Promote Progression of Hepatocellular Carcinoma and Resistance to Sorafenib. Gastroenterology, 2016, 150(7): 1646-1658. (IF: 18.187)
2. Zhou SL, Hu ZQ, Zhou ZJ, Dai Z, Wang Z, Cao Y, Fan J, Huang XW, Zhou J(correspondence author). miR-28-5p-IL-34-macrophage feedback loop modulates hepatocellular carcinoma metastasis. Hepatology, 2016, 63(5): 1560-1575. (IF: 11.711)
3. Zhang X, Yang XR, Sun C, Hu B, Sun YF, Huang XW, Wang Z, He YF, Zeng HY, Qiu SJ, Cao Y, Fan J, Zhou J(correspondence author). Promyelocytic leukemia protein induces arsenic trioxide resistance through regulation of aldehyde dehydrogenase 3 family member A1 in hepatocellular carcinoma. Cancer Lett, 2015, 366(1): 112-122. (IF: 5.992)
4. Zhou SL, Zhou ZJ, Hu ZQ, Li X, Huang XW, Wang Z, Fan J, Dai Z, Zhou J (correspondence author). CXCR2/CXCL5 axis contributes to epithelial-mesenchymal transition of HCC cells through activating PI3K/Akt/GSK-3 β /snail signaling. Cancer Lett, 2015, 358(2): 124-135. (IF: 5.992)

5. Jiang JH, Liu YF, Ke AW, Gu FM, Yu Y, Dai Z, Gao Q, Shi GM, Liao BY, Xie YH, Fan J, Huang XW, Zhou J(correspondence author). Clinical significance of the ubiquitin ligase E3C in hepatocellular carcinoma revealed by exome sequencing. Hepatology, 2014, 59(6): 2216-2227. (IF: 11.71)

6. Huang XY, Ke AW, Shi GM, Zhang X, Zhang C, Shi YH, Wang XY, Ding ZB, Xiao YS, Yan J, Qiu SJ, Fan J, Zhou J (correspondence author). α B-Crystallin complexes with 14-3-3 ζ to induce epithelial-mesenchymal transition and resistance to sorafenib in hepatocellular carcinoma. Hepatology, 2013, 57(6): 2235-2247. (IF: 11.71)

7. Sun YF, Xu Y, Yang XR, Guo W, Zhang X, Qiu SJ, Shi RY, Hu B, Zhou J (Co-correspondence author), Fan J. Circulating stem cell-like EpCAM(+) tumor cells indicate poor prognosis of hepatocellular carcinoma after curative resection. Hepatology, 2013, 57(4): 1458-1468. (IF: 11.71)

8. Zhou SL, Dai Z, Zhou ZJ, Wang XY, Yang GH, Wang Z, Huang XW, Fan J, Zhou J (correspondence author). Overexpression of CXCL5 Mediates Neutrophil Infiltration and Indicates Poor Prognosis for Hepatocellular Carcinoma. Hepatology, 2012, 56(6): 2242-2254. (IF: 11.71)

9. Zhou J, Yu L, Gao X, Hu J, Wang J, Dai Z, Wang JF, Zhang Z, Lu S, Huang X, Wang Z, Qiu S, Wang X, Yang G, Sun H, Tang Z, Wu Y, Zhu H. Fan J. Plasma microRNA panel to diagnose hepatitis B virus–related hepatocellular carcinoma. J Clin Oncol, 2011, 29(36): 4781-4788. (IF: 20.982)

10. Zhu K, Dai Z, Pan Q, Wang Z, Yang GH, Yu L, Ding ZB, Shi GM, Ke AW, Yang XR, Tao ZH, Zhao YM, Qin Y, Zeng HY, Tang ZY, Fan J, Zhou J (correspondence author). Metadherin promotes hepatocellular carcinoma metastasis through induction of epithelial-mesenchymal transition. Clin Cancer Res, 2011, 17(23): 7294-7302. (IF: 8.738)

● 重要科技奖项

1. 提高肝癌外科疗效的关键技术体系的创新和应用 . 2014. 国家科技进步二等奖 . 第 8 完成人 .

2. 肝癌肝移植术后复发转移的防治新策略及关键机制 . 2012. 国家科技进步二等奖 . 第 2 完成人 .

3. 肝癌门静脉癌栓形成机制及多模式综合治疗技术 . 2008. 国家科技进步二等奖 . 第 2 完成人 .

4. 转移性人肝癌模型系统的建立及其在肝癌转移研究中的作用 . 2006. 国家科技进步一等奖 . 第 8 完成人 .

5. 肿瘤微环境调控肝癌转移复发的机制研究 . 2015. 教育部自然科学一等奖 . 第 2 完成人 .

6. 肝细胞癌放射治疗——放射敏感试验及不同病期的临床疗效比较 . 2007. 教育部科技进步一等奖 . 第 6 完成人 .

7. 原发性肝癌放射治疗——实验研究与临床实践 . 2010. 中华医学科技二等奖 . 第 5 完成人 .

8. 肝癌肝移植适应证优化及复发防治策略 . 2011. 上海市科技进步一等奖 . 第 2 完成人 .

9. 原发性肝癌放射治疗基础研究与临床应用 . 2015. 上海市科技进步二等奖 . 第 4 完成人 .

10. 消灭与改造并举——院士抗癌新视点 . 2014. 上海市科技进步三等奖 . 第 4 完成人 .

11. 原发性肝癌放射治疗基础研究与临床 . 2014. 上海医学科技二等奖 . 第 5 完成人 .

● 学术成就概览

周俭教授，1967 年出生，江苏泰兴人，博士生导师，主任医师，现担任复旦大学附属中山医院副院长、复旦大学附属中山医院临床医学研究院院长、肝肿瘤外科主任、复旦大学肝癌研究所副所长；是国家杰出青年科学基金获得者、教育部长江学者特聘教授、国家有突出贡献中青年专家；享受国务院特殊津贴；是科技部＇肝癌转移复发的精准医疗创新团队"负责人、国家重点研发计划"精准医学研究"项目负责人、国家卫计委"原发性肝癌诊疗规范"制订专家委员会副主任兼外科组组长；是上海市领军人才、上海市优秀学科带头人。目前担任中国抗癌协会肝癌专业委员会候任主任委员、中国免疫学会移植免疫分会副主任委员、中国医师协会外科医师分会肝脏外科医师委员会副主任委员、中华医学会肿瘤学分会秘书长兼肝癌学组副组长。

从事肝癌基础和临床研究 20 余年，擅长各种肝肿瘤诊治和肝移植。首次建立基于雷帕霉素的肝癌肝移植免疫抑制方案；首创肝癌门静脉癌栓的综合治疗模式，明显提高了肝癌病人的生存率，成功主刀亚洲首例 ALPPS 术治疗巨大肝癌，并在全国推广应用。以第一或通讯作者发表 SCI 论文 68 篇（IF>10 有 11 篇）；获上海市优秀博士论文 1 篇；获授权专利 5 项。4 次获国家科技进步奖，还获谈家桢生命科学创新奖、裘法祖普通外科医学青年奖、吴孟超医学青年基金奖等个人荣誉奖项。

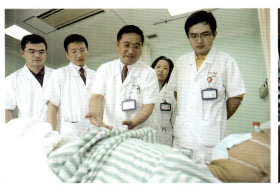

侯立军

专业

外科学

专业技术职称

教授，主任医师

工作单位与职务

第二军医大学附属长征医院神经
外科主任

上海市神经外科研究所所长

中国人民解放军神经外科研究所所长

• 主要学习经历

1994.09−1999.07 • 第二军医大学神经外科　博士

2008.04−2008.07 • 德国洪堡大学、德国汉诺威国际神经科学研究所　访问学者

2009.02−2010.02 • 美国哈佛大学医学院　博士后、高级访问学者

• 主要工作经历

1999.06−2005.09 • 第二军医大学附属长征医院神经外科　主治医师、讲师

2005.10−2011.09 • 第二军医大学附属长征医院神经外科　副主任医师、副教授

2006.10−2010.04 • 第二军医大学附属长征医院神经外科　副主任

2010.05− 至今　• 第二军医大学附属长征医院神经外科　主任

2011.10− 至今　• 第二军医大学附属长征医院神经外科　主任医师、教授

2012.03− 至今　• 中国人民解放军神经外科研究所　所长

2015.01− 至今　• 上海市神经外科研究所　所长

• 重要学术兼职

2014.03− 至今　• 中国医师协会创伤分会　副会长

2013.12− 至今　• 中华医学会创伤学分会　常委

2011.10− 至今　• 中华医学会神经外科分会　委员

2016.12− 至今　• 中国医师协会神经内镜专业委员会　副主任委员

2013.04− 至今　• 上海市医学会神经外科分会　副主任委员

2016.04− 至今　• 上海市医学会创伤学分会　主任委员

• 代表性论文，著作

1. Next-Day Surgical Complications After Nighttime Procedures. JAMA. (第一作者 , IF: 29.98)

2. Cholesterol Levels and Risk of Hemorrhagic Stroke A Systematic review and Meta-Analysis. Stroke. (通讯作者 , IF: 5.787)

3. Risk Factors Associated with Sleep Disturbance following Traumatic Brain Injury: Clinical Findings and Questionnaire Based Study. PLoS One. (第一作者 , IF: 3.057)

4. Clinical treatment of traumatic brain injury complicated by cranial nerve injury. Injury. (通讯作者 , IF: 2.383)

5. Clinical review: Efficacy of antimicrobialimpregnated catheters in external ventricular drainage - a systematic review and meta-analysis. Crit care. (通讯作者 , IF: 4.95)

6. Risk Factors Related to Dysautonomia After Severe Traumatic Brain Injury. J Trauma. (通讯作者 , IF: 2.262)

7. Clinical features and functional recovery of traumatic isolated oculomotor nerve palsy in mild head injury with sphenoid fracture. J Neurosurg. (通讯作者 , IF: 3.443)

8. Endoscopic transmaxillary transMuller's muscle approach for decompression of superior orbital fissure: A cadaveric study with

illustrative case. J Craniomaxillofac Surg. (通讯作者 , IF: 2.597)

9. Hyperbaric Oxygen Therapy in the Management of Paroxysmal Sympathetic Hyperactivity After Severe Traumatic Brain Injury: A Report of 6 Cases. Arch Phys Med Rehabil. (通讯作者 , IF: 3.045)

10. Effect of Methylphenidate in Patients with cancer-Related Fatigue: A Systematic Review and Meta-Analysis. PLoS One. (通讯作者 , IF: 3.057)

11. 主译 . 实用内镜颅底外科学 . 上海：上海科学技术出版社，2012.

12. 主译 . 脑血管重建：显微外科与血管腔内介入技术 . 北京：世界图书出版公司，2016.

● 重要科技奖项

1. 颅脑创伤关键救治技术 . 2013. 国家科技进步二等奖 . 第 1 完成人 .

2. 颅脑创伤及其合并伤的基础与临床研究 . 2011. 军队医疗成果一等奖 . 第 1 完成人 .

3. 颅脑爆炸伤的基础与临床研究 . 2002. 军队科技进步二等奖 . 第 1 完成人 .

● 学术成就概览

侯立军教授致力于颅脑创伤、脑血管疾病和微创颅底外科的临床诊治、技术创新和临床转化研究。以颅脑战创伤为主攻方向，围绕颅脑战创伤关键救治技术、颅脑创伤及其合并伤、颅底创伤的手术治疗等进行了深入系统研究。囊获本专业高等级基金、成果、论文和学术任职，创造颅脑创伤学术领域多项"第一"，实现了学科发展的历史性跨越。①以第 1 完成人获国家科技进步二等奖、军队医疗成果一等奖、军队科技进步二等各 1 项；②以第一申请人承担国家科技支撑计划、军队"十一五""十二五""十三五"重大课题和重点课题、国家自然科学基金等课题，科研经费逾 2 000 万元；③发表 SCI 与核心期刊论文 100 余篇，其中 11 篇发表在 JAMA、Trauma、Injury、Stroke、Neurotrauma、J Neurosurgery 等本领域国际临床代表性杂志，单篇最高影响因子 29.98 分；④以颅底创伤手术治疗为攻关点，填补了国内外多项颅底创伤手术治疗空白；⑤ 2012 年带领团队由"中国人民解放军神经外科中心"提升为"中国人民解放军神经外科研究所"，2015 年获批国家临床重点专科中心实现了学科发展的历史性跨越；⑥先后被评为第二军医大学优秀学科带头人和上海市卫生系统优秀学科带头人；入选军队创新人才工程拔尖人才和上海市领军人才。荣立个人二等功 1 次，三等功 3 次。主要学术成就包括：

1. 颅脑损伤临床救治成绩卓著，国内外具有较高学术影响

（1）国际上率先对颅脑战创伤及其合并伤对进行系统研究，形成了一整套优化完善的救治规范。研究成果《颅脑战创伤及其合并伤的基础与临床研究》以第一完成人获军队医疗成果一等奖。

（2）国内外率先对颅脑爆炸伤进行系统研究。国际上首次建立"犬颅脑爆炸伤模型"，在此基础上对颅脑爆炸伤进行系统研究。相关成果以第一完成人获军队科技进步二等奖。

（3）国内首次提出并实施微创清创术治疗开放性颅脑创伤，有效的降低了开放性颅脑创伤的致残率。主编国内第一部开放性颅脑损伤专著《开放性颅脑损伤的诊断和治疗》。

（4）首次将"损伤控制理念"应用于颅脑创伤的院前和超早期临床救治环节，发明了《便携式充电式多功能颅椎钻》和《便携式颅脑战创伤急救装备箱》等专利，使颅脑创伤的临床救治得到有效前伸。

（5）国际上率先围绕"颅脑创伤后交感神经兴奋"进行系统临床研究。结果发表在国际创伤外科权威杂志 Journal of Trauma 和 Journal Neurotrauma 上。

2. 开创颅底外科新领域：颅底创伤（创伤性颅底外科）国际先进，全内镜颅底外科国内领先

以内镜颅底外科为手术攻关点，在《创伤性眶上裂综合征的神经内镜手术学研究》《颅脑创伤合并颅神经的手术学研究》《颅底创伤的微创手术治疗》等 7 项手术学课题的资助下，围绕颅底外科的微创手术治疗展开系列研究，填补了国内外多项颅底创伤手术治疗空白，进一步丰富了颅底外科的内涵。如国际上率先开展了全内镜经 Mycard 孔锁孔入路创伤性眶上裂综合征减压手术、全内镜经口腔－上颌窦经 Muller's 肌入路微创眶上裂综合征减压手术等。创办了"首届国际颅底创伤与微创神经外科论坛"，获得了国内外同行专家的普遍认可。主译《实用内镜颅底外科学》《脑血管重建：显微外科与腔内介入技术》成为主要参考书目。以内镜颅底外科为基础，率先将 Image-Guide 技术、Brain-Mapping 技术和 3D-Slice 技术相结合，临床上开展了脑干、丘脑海绵状血管畸形、眼动脉动脉瘤、颅内远端动脉瘤等复杂脑血管疾病的外科手术治疗，以及内镜下切除眶颅构通瘤，眉间入路治疗鞍区颅咽管瘤、巨大垂体瘤等高难度手术，形成鲜明的特色，取得了良好的治疗效果。以上成果以第 1 完成人获国家科技进步二等奖。

秦环龙

专业

外科学

专业技术职称

主任医师

工作单位与职务

上海市第十人民医院 / 同济大学
附属第十人民医院院长

● **主要学习经历**

1983.07−1986.07 · 江苏大学医学院　学士
1992.09−1997.07 · 上海医科大学　博士

● **主要工作经历**

2012.01− 至今　　· 上海市第十人民医院 / 同济大学附属第十人民医院　院长、主任医师、教授、博导
2004.02−2012.01 · 上海市第六人民医院 / 上海交通大学附属第六人民医院　副院长、主任医师、教授、博导
1997.09−2005.07 · 上海市第六人民医院 / 上海交通大学附属第六人民医院　副主任医师、主任医师
1986.08−1992.08 · 江苏大学医学院附属医院　住院医师、主治医师

● **重要学术兼职**

2011.09− 至今　· 中华医学会肠外肠内营养学分会　委员
2008.07− 至今　· 中华医学会外科学分会专业学组　委员
2013.09− 至今　· 中华预防医学会微生态学专业委员会　常委
2013.11− 至今　· 上海医学会肠外肠内营养学分会　主任委员
2011.11− 至今　· 上海预防医学会微生态专业分会　主任委员

● **代表性论文，著作**

1. Ma Y, Zhang P, Wang F, Yang J, Liu Z, Qin HL*. Association between vitamin D and risk of colorectal Cancer: A systematic review of prospective studies. Journal of Clinical Oncology, 2011, 29(28): 3775-3782. (IF: 17.879)
2. Ma Y, Zhang P, Wang F, Zhang H, Yang J, Peng J, Liu W, Qin HL*. miR-150 as a potential biomarker associated with prognosis and therapeutic outcome in colorectal cancer. Gut, 2012, 61(10): 1447-1453. (IF: 13.319)
3. Ma Y, Zhang P, Wang F, Zhang H, Yang Y, Shi C, Xia Y, Peng J, Liu W, Yang Z, Qin HL*. Elevated oncofoetal miR-17-5p expression regulates colorectal cancer progression by repressing its target gene P130. Nature Communications, 2012, 3: 1291. (IF: 10.742)
4. Wang F, Ma YL, Zhang P, Shen TY, Shi CZ, Yang YZ, Moyer MP, Zhang HZ, Chen HQ, Liang Y, Qin HL*. SP1 mediates the link between methylation of the tumour suppressor miR-149 and outcome in colorectal cancer. The Journal of Pathology, 2013, 229(1): 12-24. (IF: 7.33)
5. Ma Y, et al. Long non-coding RNA CCAL regulates colorectal cancer progression by activating Wnt/beta-catenin signalling pathway via suppression of activator protein 2alpha. Gut, 2016, 65(9): 1494-1504. (IF: 14.921)
6. Liu ZH, Huang MJ, Zhang XW, Wang L, Huang NQ, Peng H, Lan P, Peng JS, Yang Z, Xia Y, Liu WJ, Yang J, Qin HL*, Wang JP. The effects of perioperative probiotic treatment on serum zonulin concentration and subsequent postoperative infectious complications after colorectal cancer surgery: a double-center and double-blind randomized clinical trial. The American Journal of Clinical Nutrition, 2013, 97(1): 117-126. (IF: 6.918)
7. Ma Y, Zhang P, Wang F, Liu W, Yang J, Qin HL*. An integrated proteomics and metabolomics approach for defining oncofetal biomarkers in the colorectal cancer. Annals of Surgery, 2012, 255(4): 720-730. (IF: 7.188)

秦 环 龙

8. Shi C, et al. Novel evidence for an oncogenic role of microRNA-21 in colitis-associated colorectal cancer. Gut, 2016, 65(9): 1470-1481. (IF: 14.921)

9. Ma Y, Yang Y, Wang F, Wei Q, Qin HL*. Hippo-YAP signaling pathway: A new paradigm for cancer therapy. International Journal of Cancer Journal International Du cancer, 2014, 137(10): 2275-2286. (IF: 5.007)

10. Feng J, Yang Y, Zhang P, Wang F, Ma Y, Qin H, Wang Y. miR-150 functions as a tumour suppressor in human colorectal cancer by targeting c-Myb. Journal of Cellular and Molecular Medicine, 2014, 18(10): 2125-2134. (IF: 3.698)

● 重要科技奖项

1. 植物乳杆菌的肠屏障损伤修复机制及关键技术开发与应用 . 2011. 教育部科技进步一等奖 . 第 1 完成人 .

2. 植物乳杆菌关键技术开发及改善肠屏障临床应用 . 2013. 上海市技术发明三等奖 . 第 1 完成人 .

3. 生物标志物在大肠癌早期预警、预后监测及靶向治疗的应用基础研究 . 2015. 高等学校科学研究优秀成果科技进步（自然科学）一等奖 . 第 1 完成人 .

4. 大肠癌早期诊断生物标志物的蛋白质组学和代谢组学研究 . 2010. 上海市医学科技三等奖 . 第 1 完成人 .

5. 肠道免疫应答和微生物调节异常诱导肠粘膜炎症发生机制和临床应用 . 2013. 教育部科技进步二等奖 . 第 2 完成人 .

6. 肠道免疫应答和微生物调节异常诱导肠粘膜炎症发生机制和临床应用 . 2013. 教育部科技进步二等奖 . 第 2 完成人 .

7. 基于系统生物学研究的大肠癌诊治和靶向药物研发 . 2015. 上海医学科技（自然科学）二等奖 . 第 1 完成人 .

8. 注重脏器功能保留的进展期胃癌综合治疗 . 2008. 中华医学科技三等奖 . 第 2 完成人 .

● 学术成就概览

秦环龙教授作为负责人先后承担了国家自然科学基金 7 项，科技部 973 前期 1 项、863 子课题 2 项、科技重大专项 2 项，教育部新世纪优秀人才支持计划 1 项、上海市科委重大项目和重点项目各 1 项、上海市市级医院新兴前沿技术联合攻关项目 1 项。以第一作者及通讯作者身份先后发表学术论文 190 余篇，在国际重要学术期刊如 *Journal of Clinical Oncology*、*Gut*、*Nature Communications*、*The Journal of Pathology*、*Annals of Surgery*、*Molecular Cellular Proteomics* 等发表 SCI 论文 60 余篇，影响因子累计超过 200 分。作为第 1 完成人先后获得了教育部科技进步一等奖（2011 年）、上海市科技进步三等奖（2005 年）、上海市技术发明三等奖（2013 年）、上海医学科技三等奖（2010 年）。个人先后获得国务院政府特殊津贴、上海市领军人才（2012 年）、上海市卫生系统百名跨世纪优秀学科带头人（2011 年）、全国医药卫生系统先进个人（2009 年）、上海市卫生系统第十届"银蛇奖"提名奖（2005 年）和国家教育部新世纪优秀人才支持计划（2005 年）等荣誉称号。

从事外科临床工作 28 年，擅长胃肠肿瘤的手术治疗和危重患者营养治疗。对胃肠肿瘤的早期发现与诊断、外科复合性创伤、肠瘘、短肠综合症、重症胰腺炎、炎症性肠病、晚期肿瘤等复杂疑难疾病与危重病人的临床营养治疗有丰富经验；在国内较早开展肠屏障基础与临床研究，累计治疗 5700 余例，死亡率从 34% 降至 20%。于国内最早开展乳酸菌与肠上皮细胞功能研究，较早开展了乳酸菌表面相关蛋白调控肠上皮细胞生物学功能研究，目前对肠道屏障与功能及益生菌的营养支持治疗方面的研究广泛而成熟，成功建立了多种动物模型，并致力于胃肠肿瘤的早期诊断与治疗。近年来提出了大肠肿瘤研究领域的创新思路：从发育生物学和胚胎发生学角度来探索肿瘤的关键分子及发生发展机制，以此研究思路为指导，从发育生物学及胚胎发生学角度分别利用系统生物学技术手段筛选找出了大肠癌的关键效应分子（miR-17-5p、miR-26b、Desmin、特征性小分子代谢物 L-valine、L-threonine、1-deoxyglucose、glycine、ribitol、3-hydroxybutyric acid）；成功构建了大鼠模型模拟人类经典大肠癌发病过程，即：正常肠组织→腺瘤→腺癌→腺癌肝转移为模型，同时利用系统生物学整体手段探索找出了大肠癌潜在临床价值的关键分子（miR-150、let-7i、let-7a、miR-30a-3p、miR-145、miR-125a、miR-133a、miR-106a、miR-149、Transgelin、hnRNP A1、HSP27、TALDO1、TRI、特征性小分子代谢物），并证实了其在大肠癌进展中的关键分子机制。目前致力于大肠癌微生态通过大肠癌危险因素流行病学调查研究筛选肠道微生态偏离谱和代谢特征，筛选大肠癌致癌微生物并深入研究其作用机制，为大肠癌高危人群的非侵袭性筛查提供新指标。

袁政安

专业
公共卫生与预防医学

专业技术职称
主任医师

工作单位与职务
上海市疾病预防控制中心

● 主要学习经历

1983.09-1989.07 · 上海医科大学预防医学专业　学士

● 主要工作经历

1989.07-1993.12 · 上海医科大学放射医学研究所　研究实习员
1993.12-2001.03 · 上海市卫生局　主任科员
2001.03- 至今 　· 上海市疾病预防控制中心　副主任

● 重要学术兼职

2011-2014　　 · 中华医学会卫生分会　常委
2011-2017　　 · 上海医学会卫生分会　副主委
2013-　　　　 · 上海市防痨协会　理事长

● 代表性论文，著作

1. Deaths among tuberculosis cases in Shanghai, China: who is at risk?. BMC Infectious Diseases, 2009, 9(1): 1-7.
2. Estimation of the Direct Cost of Treating People Aged More Than 60 Years Infected by Influenza Virus in Shanghai. Asia-pacific J. public health, 2012, 27(2): 923-46.
3. Applied Mixed Generalized Additive Model to Assess the Effect of Temperature on the Incidence of Bacillary Dysentery and Its Forecast. PLoS One, 2013, 8(4): e62122-e62122.
4. Predictors of Poor Response After Primary Immunization of Hepatitis Vaccines for infants and Antibody Seroprotection of Booster in a Metropolis of China. Asia Pac J Public Health, 2015, 27(2): 1457-66.
5. 2009 年上海市中小学生甲型 H1N1 流感疫苗大规模接种流行病学效果评价 . 中华疾病控制杂志 , 2011, 15(09): 769-772.
6. 上海市 2006-2010 年麻疹住院病例临床特征和住院费用分析 . 中国初级卫生保健 , 2013, 27(5): 70-73.
7. 上海市 2007 ~ 2010 年预防接种后血小板减少性紫癜监测分析 . 中国疫苗和免疫 , 2012(4): 358-360.
8. 上海市肺结核病患者直接医疗费用及构成分析 . 中国卫生资源 , 2012(04): 358-360.
9. 上海市中小学生接种甲型 H1N1 流行性感冒疫苗的成本 - 效益分析 . 中华预防医学杂志 , 2011, 8(2011): 737-741.
10. 上海世博会园区内肠道疾病的流行病学特征分析 . 环境与职业医学 , 2011, 28(01): 13-16.

● 重要科技奖项

1. 上海市 "三位一体" 结核病防治模式应用研 . 2007. 中华预防医学会科学技术二等奖 .
2. 上海市结核病综合防治模式研究及其推广应用 . 2008. 上海市科学技术进步二等奖 .
3. 大型活动公共卫生安全保障监测预警系统：世博园区的实践 . 2011. 上海市科学技术进步二等奖 .

● 学术成就概览

袁政安主任毕业于上海医科大学，长期从事传染病流行病学研究和卫生防病工作，兼职复旦大学公共卫生学院流行学教研室教授。自 2001 年 3 月起，其任上海市疾病预防控制中心副主任、主任医师，积极探索流行病学研究的新思路、新方法，为开创上海市疾病预防控制新局面作出了积极贡献。作为上海市公共卫生传染病学重点学科首要负责人，主持了国家"十一五""十二五"传染病科技重大专项计划项目，在传染病流行病学研究和公共卫生事件应急处置等方面卓有建树，曾获中华预防医学会公共卫生与预防医学发展贡献奖和国务院专家特殊津贴。

作为主要负责人，在国内率先研究了由疾病预防控制中心、结核病定点医院、社区卫生服务中心组成的"三位一体"新的结核病综合防治模式，完善了市、区（县）、社区三级结核病预防控制网络，并将结核病防治工作扩展到了公共卫生体系层面。这一研究成果明确了疾控机构、医疗机构和社区卫生服务中心的职责分工，充分利用卫生资源、发挥学科联系的优势，全面贯彻现代结核病控制策略，有效遏制了本市结核病的传播。实践证明这一模式是顺应了社会经济发展和卫生体制转变，多次得到世界卫生组织、卫生部和中国疾病预防控制中心专家和领导的充分肯定和赞誉，并视其为"中国大中城市结核病控制模式的发展方向"。袁教授带领的研究团队，还在国内应用基因型分型技术对复发和耐药结核病患者的产生原因首次进行了深入分析，提出了"外源性再感染"是其主要致病机制的理论，打破了传统"内源性复燃"的理论。近 5 年来，其所在的研究团队已在国内外权威期刊发表论文 30 余篇，其中 SCI 权威期刊 *International Journal of Tuberculosis and Lung Diseases*、*Journal of*

Infectous Diseases、*Antimicrobial Agents and Chemotherapy* 等发表论文 12 篇，极大提高了上海市乃至中国结核病防治工作的国际影响。这些研究成果先后获得中华预防医学会科学技术二、三等奖和上海市科技进步二等奖。

袁教授还获得了全国医药卫生系统先进个人、全国卫生应急先进个人、全国结核病防治工作先进个人、上海市卫生系统先进生产者、上海市卫生系统优秀共产党员和上海市卫生局党委系统抗震救灾优秀共产党员等荣誉称号。

夏 强

专业

外科学

专业技术职称

主任医师

工作单位与职务

上海交通大学医学院
附属仁济医院副院长、肝脏外科
科主任

● 主要学习经历

1982.09−1987.07 · 安徽医科大学医学系　学士

1993.09−1997.12 · 原上海医科大学　博士

● 主要工作经历

1987.08−1993.08 · 安徽医科大学第一附属医院　住院医师、主治医师

1997.12−2004.09 · 上海交通大学医学院附属上海市第一人民医院　主治、副主任、主任医师

2004.09− 至今 · 上海交通大学医学院附属仁济医院　主任医师

● 重要学术兼职

2015.12− 至今 · 中国医师协会器官移植医师分会　常委

2015.12− 至今 · 儿童器官移植委员会　主任委员

2015.05− 至今 · 中国医师协会外科医师分会肝脏外科医师委员会　常委

2016.05− 至今 · 中国医师协会临床精准医疗专业委员会　常委

2015.11− 至今 · 中国研究型医院学会肝胆胰外科专业委员会　副主任委员

2016.05− 至今 · 中国研究型医院学会数字医学临床外科专业委员会　副主任委员

2013.02− 至今 · 上海市医学会　理事

2015.11− 至今 · 上海医学会器官移植分会　副主任委员

2011.11− 至今 · 上海免疫学会移植免疫分会　副主任委员

● 代表性论文，著作

1. Long XD, Yao JG, Zeng Z, Ma Y, Huang XY, Wei ZH, Liu M, Zhang JJ, Xue F, Zhai B, Xia Q*. Polymorphisms in the coding region of X-ray repair complementing group 4 and Aflatoxin B1-related hepatocellular carcinoma. Hepatology, 2013, 58(1): 171-181.

2. Li J, Yang XM, Wang YH, Feng MX, Liu XJ, Zhang YL, Huang S, Wu Z, Xue F, Qin WX, Gu JR, Xia Q*, Zhang ZG*. Monoamine oxidase A suppresses hepatocellular carcinoma metastasis by inhibiting the adrenergic system and its transactivation of EGFR signaling. J Hepatol, 2014, 60(6): 1225-1234.

3. Li H, Xia Q, Zeng B, Li ST, Liu H, Li Q, Li J, Yang SY, Dong XJ, Gao T, Munker S, Liu Y, Liebe R, Xue F, Li QG, Chen XS, Liu Q, Zeng H, Wang JY, Xie Q, Meng QH, Wang JF, Mertens PR, Lammert F, Singer MV, Dooley S, Ebert MP, Qiu DK, Wang TL, Weng HL. Submassive hepatic necrosis distinguishes HBV-associated acute on chronic liver failure from cirrhotic patients with acute decompensation. J Hepatol, 2015, 63(1): 50-59.

4. Nie H, Li J, Yang XM, Cao QZ, Feng MX, Xue F, Wei L, Qin W, Gu J, Xia Q*, Zhang ZG*. Mineralocorticoid receptor suppresses cancer progression and Warburg effect by modulating miR-338-3p-PKLR axis in hepatocellular carcinoma. Hepatology, 2015, 62(4): 1145-1159.

5. Zhang J, Han C, Dai H, Hou J, Dong Y, Cui X, Xu L, Zhang M, Xia Q*. Hypoxia-Inducible Factor-2α Limits Natural Killer T

Cell Cytotoxicity in Renal Ischemia/Reperfusion Injury. J Am Soc Nephrol, 2016, 27(1): 92-106.

6. Kang He, Xiaosong Chen, Conghui Han, Longmei Xu, Jianjun Zhang, Ming Zhang and Qiang Xia*. Lipopolysaccharide-induced Cross-tolerance against Renal Ischemia-Reperfusion Injury Is Mediated by Hypoxia-Inducible Factor-2α-Regulated Nitric Oxide Production. Kidney Int, 2014, 85: 276-288

7. Ming-Xuan Feng, Ming-Ze Ma, Ying Fu, Jun Li, Tao Wang, Feng Xue, Jian-Jun Zhang, Wen-Xin Qin, Jian-Ren Gu, Zhi-Gang Zhang*, Qiang Xia*. Elevated autocrine EDIL3 protects hepatocellular carcinoma from anoikis through RGD-mediated integrin activation. Molecular Cancer, 2014, 13: 226.

8. Wan P, Li Q, Zhang J, Xia Q*. Right lobe split liver transplantation versus whole liver transplantation in adult recipients: A systematic review and meta-analysis. Liver Transplantation, 2015, 21(7): 928-943.

9. Wan P, Li Q, Zhang J, Shen C, Luo Y, Chen Q, Chen X, Zhang M, Han L, Xia Q*. Influence of graft size matching on outcomes of infantile living donor liver transplantation. Pediatr Transplant, 2015, 19(8): 880-887.

10. Xue F, Zhang JJ, Xu LM, Zhang C, Xia Q*. Immune Cell Functional Assay in Monitoring of Liver Transplantation Recipients with Infection. Transplantation, 2010, 8: 620-626.

● 重要科技奖项

1. 教育部科学技术进步一等奖．第1完成人．
2. 上海市科学技术进步一等奖．第1完成人．
3. 华夏医学科技一等奖．第1完成人．
4. 上海医学科技一等奖．第1完成人．

● 学术成就概览

2004年作为上海交通大学医学院附属仁济医院当时最年轻的科主任，夏强主任带领平均年龄仅33岁的肝移植团队从上海各大医院末位艰难起步。至今已累计完成各类肝移植手术2 600余例，2011年起肝移植总例数连续5年居全国首位。通过手术技术的不断创新和围手术期处理的不断改进、实行严格和系统的术后随访制度，大大降低术后并发症的发生率、提高术后长期生存率，使得肝移植5年累积生存率85%，处于全国肝移植领先地位。

（1）婴幼儿肝移植领先全国并接轨国际先进水平：相对成人肝移植的快速发展，我国儿童肝移植，特别是低体重婴幼儿肝移植发展滞后。由于婴幼儿肝移植手术难度大，围手术期管理复杂，其手术成功率远较成人低。为改变婴幼儿肝移植的落后局面，挽救终末期肝病患儿，夏主任团队组建了国内第一支由移植外科、小儿内外科、小儿麻醉和重症监护等组成的小儿肝移植专业团队，至今累积完成儿童肝移植术700余例，

近5年单中心术后生存率居世界领先地位。

（2）多项上海乃至全国开创性手术：2005年成功完成73岁全国年龄最大肝肾联合移植手术。2007年成功完成全国首例急诊活体肝移植救治5月幼童暴发性肝功能衰竭，为儿童肝衰竭的救治探索了新路。2008年在上海率先成功开展原位活体辅助性肝移植救治成人暴发性肝衰竭和先天性肝豆状核变性各1例，为原位辅助性肝移植技术的开展创造了良好的开端。2010年起先后成功开展18对36例劈离式肝移植手术（一肝两受），为今后缓解日益严重的供体短缺局面，做出了有益的探索。

（3）运用活体肝移植技术解决复杂肝脏肿瘤手术切除难题：带领团队在开展肝移植手术的同时开展精准肝脏肿瘤切除术和腹腔镜肝脏肿瘤切除术，年完成肝切除手术500余例，2014年10月在原有腹腔镜肝肿瘤切除的基础上开展仁济医院第一例达芬奇肝脏肿瘤切除术，扩大肝脏肿瘤微创手术适应证范围，减少了患者手术创伤，缩短了住院时间，加快了患者术后恢复，为肝脏肿瘤疾病患者带来了福音。近年来充分应用活体肝移植特别是儿童活体肝移植技术，对复杂成人及儿童肝脏肿瘤进行更精准、安全的切除，从而有效提高肝脏肿瘤的根治性切除率和手术安全性，减少手术打击和并发症的发生。

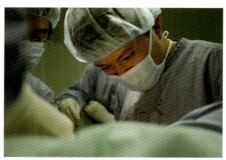

（4）科研教学情况：获得国家级及省部级课题20项，总科研经费近2 000万。以第一作者或通讯作者发表在 *Hepatology*、*Journal of Hepatology*、*Transplantation*、*Liver Transplantation*、*Pediatric Transplantation* 等业内顶级期刊论文180余篇。获上海市十大杰出青年、上海交通大学医学院院长奖、上海市卫生系统先进工作者、全国卫生系统先进工作者、上海市优秀学科带头人、上海市卫生局新百人计划和上海领军人才、第九届中国医师奖、上海市先进工作者、上海市"五·一"劳动奖章、上海市职工职业道德模范先进个人、上海交通大学校长奖等荣誉称号和奖励。

章振林

专业
内科学
专业技术职称
教授，主任医师
工作单位与职务
上海交通大学 附属第六人民医院骨质疏松和骨病 专科主任

主要学习经历

1983.09−1987.07 • 宁波卫生学校　医士专业
1994.09−1997.07 • 昆明医学院儿科学　内分泌专业　硕士
1997.09−2000.07 • 中国协和医科大学内科学　内分泌专业　博士

主要工作经历

1987.08−2003.08 • 浙江省象山县石浦区中心卫生院　副院长、院长
2000.08−2002.05 • 复旦大学上海医学院、中科院上海生化和细胞研究所博士后流动站
2002.06− 至今　 • 上海交通大学附属第六人民医院　科室主任

重要学术兼职

2015.04− 至今　 • 中华医学会骨质疏松和骨矿盐疾病分会　候任主任委员
2011.11−2015.11 • 中华医学会骨质疏松和骨矿盐疾病分会　副主任委员
2011.04− 至今　 • 上海医学会骨质疏松专科分会　主任委员
2012.02− 至今　 •《中华骨质疏松和骨矿盐疾病杂志》　副主编

代表性论文，著作

1. Zhang Z, Xia W, He J, Zhang Z, Ke Y, Yue H, Wang C, Zhang H, Gu J, Hu W, Fu W, Hu Y, Li M, Liu Y. Exome sequencing identifies SLCO2A1 mutations as a cause of primary hypertrophic osteoarthropathy. Am J Hum Genet, 2012, 90(1): 125-132.
2. Zhang Z, He JW, Fu WZ, Zhang CQ, Zhang ZL. Mutations in the SLCO2A1 gene and primary hypertrophic osteoarthropathy: A Clinical and Biochemical Characterization. J Clin Endocrinol Metab, 2013, 98(5): e923-933.
3. Gu JM, Ke YH, Yue H, Liu YJ, Zhang Z, Zhang H, Hu WW, Wang C, He JW, Hu YQ, Li M, Fu WZ, Zhang ZL. A novel VCP mutation as the cause of atypical IBMPFD in a Chinese family. Bone, 2013, 52(1): 9-16.
4. Wang C, Zhang Z, Zhang H, He JW, Gu JM, Hu WW, Hu YQ, Li M, Liu YJ, Fu WZ, Yue H, Ke YH, Zhang ZL. Susceptibility genes for osteoporotic fracture in postmenopausal Chinese women. J Bone Miner Res. J Bone Miner Res, 2012, 27(12): 2582-2591.
5. Xiao WJ, Ke YH, He JW, Zhang H, Yu JB, Hu WW, Gu JM, Gao G, Yue H, Wang C, Hu YQ, Li M, Liu YJ, Fu WZ, Zhang ZL. Polymorphisms in the human ALOX12 and ALOX15 genes are associated with peak bone mineral density in Chinese nuclear families. Osteoporos Int, 2012, 23(7): 1889-1897.
6. Xiao WJ, He JW, Zhang H, Hu WW, Gu JM, Yue H, Gao G, Yu JB, Wang C, Ke YH, Fu WZ, Zhang ZL. ALOX12 polymorphisms are associated with fat mass but not peak bone mineral density in Chinese nuclear families. Int J Obes (Lond), 2011, 35(3): 378-386.
7. Yue H, He JW, Zhang H, Hu WW, Hu YQ, Li M, Liu YJ, Wu SH, Zhang ZL. No association between polymorphisms of peroxisome proliferator-activated receptor-gamma gene and peak bone mineral density variation in Chinese nuclear families. Osteoporos Int, 2010, 21(5): 873-882.
8. Yue H, Zhang ZL, He JW. Identification of novel mutations in WISP3 gene in two unrelated Chinese families with progressive

pseudorheumatoid dysplasia. Bone, 2009, 44(4): 547-554.

9. Zhang H, Hu YQ, Zhang ZL. Age trends for hip geometry in Chinese men and women and the association with femoral neck fracture. Osteoporos Int, 2011, 22(9): 2513-2522.

10. Zhang Z, He JW, Fu WZ, Zhang CQ, Zhang ZL. An analysis of the association between the vitamin D pathway and serum 25-hydroxyvitamin D levels in a healthy Chinese population. J Bone Mineral Res, 2013, 28(8): 1784-1792.

● 重要科技奖项

1. 单基因遗传性骨病和骨质疏松遗传机制和临床应用 . 2012. 上海市科技进步一等奖 . 排名第 1.

2. 上海市汉族人群骨质疏松遗传资源库的建立和候选基因 2007. 上海市科技进步三等奖 . 排名第 1.

● 学术成就概览

章振林教授系上海交通大学附属第六人民医院骨质疏松和骨病科主任，博士研究生导师，从事代谢性骨病临床和科研工作，尤其擅长疑难代谢性骨病的诊治。研究方向是骨质疏松和单基因骨病的遗传机制。建立了国内最大样本量的骨质疏松遗传资源库和遗传性骨病家系库，开展了大数量的骨质疏松候选基因研究，以及遗传性骨病的致病基因突变筛查工作，于 2012 年在国际上第一个发现原发性厚皮骨膜病的新致病基因 SLCO2A1，论文发表在 *Am J Hum Genetics* （IF：11.2），从而使本病的药物治疗提供了重要依据；在国内首报了十多种由致病基因突变导致的骨病，对临床诊治具有重要指导意义。近年获得国家自然科学基金资助 6 项、973 项目 1 项以及多项上海市科学技术委员会和卫生和计划生育委员会重点项目等。发表 SCI 论文 70 篇（总 IF：210），其中 IF 在 5 分以上 6 篇。第 1 完成人以课题"骨质疏松和单基因骨病遗传机制及临床应用"获得 2012 年上海市科技进步一等奖。目前兼任中华医学会骨质疏松和骨矿盐疾病分会候任主任委员、上海医学会骨质疏松专科分会主任委员。

管阳太

专业

内科学

专业技术职称

教授，主任医师

工作单位与职务

上海交通大学医学院
附属仁济医院神经内科主任

主要学习经历

1981.09−1986.07 • 南昌大学临床医学　学士
1990.09−1993.07 • 第二军医大学附属长海医院神经病学　硕士
1994.09−1997.07 • 复旦大学医学院附属华山医院神经病学　博士
1997.09−1999.12 • 复旦大学医学院神经病学研究所　博士后
2004.05−2006.08 • 美国 Columbia 及 Thomas Jefferson 大学神经科　博士后

主要工作经历

1986.08−1990.08 • 江西省赣东医院神经科　住院医师
1993.09−2001.08 • 第二军医大学附属长海医院神经科　主治医师、讲师
2001.09−2007.08 • 第二军医大学附属长海医院神经科　副教授 / 副主任医师
2007.09− 至今　• 第二军医大学附属长海医院神经科　教授 / 主任医师
2000.06−2006.11 • 第二军医大学附属长海医院神经科及神经精神病学教研室　科主任助理及副主任
2006.12−2014.12 • 第二军医大学附属长海医院神经科及神经精神病学教研室　主任
2015.01− 至今　• 上海交通大学医学院附属仁济医院神经内科　主任

重要学术兼职

2012.01− 至今　• 上海市突出贡献专家协会　理事
2016.06− 至今　• 上海市医学会神经内科分会　主任委员
2013.05− 至今　• 上海老年学会脑血管病防治专业委员会　主任委员
2016.11− 至今　• 上海市中西医结合学会神经科专业委员会　候任主任委员
2016.09− 至今　• 中华医学会神经病学分会　全国常务委员

代表性论文，著作

1. Xie C, Liu YQ, Guan YT*, Zhang GX. Induced Stem Cells as a Novel Multiple Sclerosis Therapy[J]. Curr Stem Cell Res Ther, 2016, 11(4): 313-320.
2. Wang X, Yu X, Xie C, Tan Z, Tian Q, Zhu D, Liu M, Guan Y*. Rescue of Brain Function Using Tunneling Nanotubes Between Neural Stem Cells and Brain Microvascular Endothelial Cells. Mol Neurobiol, 2016, 53(4): 2480-2488.
3. Xie C, Zhou X, Zhu D, Liu W, Wang X, Yang H, Li Z, Hao Y, Zhang GX, Guan Y*.CNS involvement in CMTX1 caused by a novel connexin 32 mutation: a 6-year follow-up in neuroimaging and nerve conduction. Neurol Sci, 2016, 37(7): 1063-1070.
4. Zhao G, Wang X, Yu X, Zhang X, Guan Y*, Jiang J. Clinical application of clustered-AChR for the detection of SNMG. Sci Rep, 2015, 5: 10193.
5. Wang X, Yu X, Vaughan W, Liu M, Guan Y*. Novel drug-delivery approaches to the blood-brain barrier. Neurosci Bull, 2015, 31(2): 257-264.

6. Han Y, Lv HH, Liu X, Dong Q, Yang XL, Li SX, Wu S, Jiang JM, Luo Z, Zhu DS, Zhang Y, Zheng Y, Guan YT*, Xu JF. Influence of Genetic Polymorphisms on Clopidogrel Response and Clinical Outcomes in Patients with Acute Ischemic Stroke CYP2C19 Genotype on Clopidogrel Response. CNS Neurosci Ther, 2015, 21(9): 692-697.

7. Zhu D, Fu J, Zhang Y, Xie C, Wang X, Zhang Y, Yang J, Li S, Liu X, Wan Z, Dong Q, Guan Y*. Sensitivity and Specificity of Double-Track Sign in the Detection of Transverse Sinus Stenosis: A Multicenter Retrospective Study. PLoS One, 2015, 10(8): e135897.

8. Zhu DS, Fu J, Zhang Y, Li SX, Zhang GX, Guan YT*, Dong Q. Neurological antiphospholipid syndrome: Clinical, neuroimaging, and pathological characteristics. Journal Of The Neurological Sciences, 2014, 346(1-2): 138-144.

9. Xie C, Li Z, Zhang GX, Guan Y*. Wnt signaling in remyelination in multiple sclerosis: friend or foe?. Molecular Neurobiology, 2014, 49(3): 1117-1125.

10. Guan YT, Mao LL, Jia J, Dong CS, Zhou XM, Zheng SL, Liu H, Kong HM, Zhen XC, Cheng J. Postischemic administration of a potent PTEN inhibitor reduces spontaneous lung infection following experimental stroke. CNS Neurosci Ther, 2013, 19(12): 990-993.

● 重要科技奖项

1. 2012. 上海市优秀科研院所长提名奖 .
2. 2012. 上海市科技进步三等奖 . 第 1 完成人 .
3. 2010. 中国人民解放军军队院校育才银奖 .
4. 2004. 上海市科技进步三等奖 . 第 1 完成人 .
5. 2003. 上海医学科技二等奖 . 第 1 完成人 .
6. 2000. 军队科技成果三等奖 . 第 1 完成人 .

● 学术成就概览

自 2010 年获上海医学领军人才以来，管阳太教授先后获得上海市"优秀科研院所长提名奖"、中国人民解放军军队院校"育才银奖"、上海"领军人才"和上海市"优秀学术带头人"，兼任上海市突出贡献专家协会理事及上海市医学会神经内科分会主任委员等学术任职。

主要工作成绩如下：

（1）带领的脑血管病研究团队围绕抗血小板个性化治疗以及溶栓治疗形成了鲜明的研究特色，取得了一系列的科研成就。①率先开展缺血性卒中患者抗血小板药物敏感性生化学检测及药物基因组学研究。首先引进血小板功能检测设备 PFA-100、VerifyNow 检验仪、PL11 等，根据患者基因型来决定使用阿斯匹林还是氯吡格雷，做到缺血性卒中患者二级预防个体化抗血小板治疗，对缺血性卒中患者的抗血小板治疗起到指导

作用。② 2012 年首次牵头开展上海市重点科技攻关项目《急性脑梗死影像评估及多种血管内溶栓治疗的多中心临床研究》。该项目集中了上海地区血管内溶栓治疗急性脑梗塞的主要力量，有利于规范急性脑梗死的抢救流程，建立与完善国内一流的急性脑梗死血管内溶栓治疗规范化平台，加强上海地区在急性脑梗塞血管内溶栓治疗领域的国内领先地位。

（2）领导的神经免疫团队长期开展炎性脱髓鞘性神经病的作用及机理研究，针对神经干细胞对炎性脱髓鞘神经损伤的免疫调控及神经修复作用进行了系列研究，取得了多项研究成果。①应用体外预处理的方法提升了神经干细胞的趋化迁移能力，获得了特异性针对炎性脱髓鞘性神经损伤具有免疫调节功能的抗原递呈细胞。②证明骨髓来源的神经干细胞用于治疗炎性脱髓鞘性神经损伤，效果与室下区来源的神经干细胞相同，解决了神经干细胞的来源限制及免疫排斥问题。③采用先进的鼻粘膜给药防治进行神经干细胞的治疗也取得了成功，克服了经脉给药导致肺栓塞，脑室给药创伤大的问题。先后获得了 1 项国家自然科学基金重点项目，2 项面上项目及上海市基础研究重点项目资助。研究成果先后在美国多发性硬化协会年会、欧洲神经病学年会等多次国际会议上做专题报告。

（3）领导的周围神经病研究团队首先开展定量感觉检查、微创皮肤活检钥孔术等周围神经疾病临床诊疗新技术，在小纤维神经病的早期诊断、病情评估等方面发挥重要作用。此项技术已在多家上海市三甲医院开展应用，弥补了常规电生理和病理检查的不足，提高了周围神经病的诊断水平。2014 年成立第二军医大学周围神经病临床诊治中心，已顺利进行 100 余例患者样本的检查。

上海领军人才学术成就概览 · 医学卷

上海领军人才
学术成就概览·医学卷

2013年

万小平

专业

妇产科学

专业技术职称

主任医师

工作单位与职务

上海市第一妇婴保健院
党委书记兼副院长

- **主要学习经历**

1978.09－1981.08 • 江西医学院九江分院医疗系　大专
1984.09－1987.08 • 山东医学院妇产科学　硕士
1995.09－1998.08 • 山东医学院妇产科学　博士

- **主要工作经历**

1981.09－1984.08 • 江西九江市妇幼保健院妇产科　住院医师
1987.09－1995.08 • 山东省立医院妇产科　主治医师
1995.09－2000.02 • 山东省立医院妇产科　副主任医师
2000.03－2009.03 • 上海市第一人民医院妇产科　科主任、主任医师
2009.04－2012.08 • 国际和平妇幼保健院　副院长、妇科主任、主任医师
2012.09－2013.12 • 上海市第一人民医院　院长助理、妇儿中心主任、主任医师
2014.01－ 至今　• 上海市第一妇婴保健院　党委书记、副院长、主任医师

- **重要学术兼职**

2015－ 至今　　• 上海市医学会妇科肿瘤分会　候任主任委员
2013.01－ 至今　• 中华医学会妇产科学会　委员
2012.04－ 至今　• 中华医学会妇科肿瘤学分会　常务委员
2012－ 至今　　• 上海医学会妇产科学会　副主任委员
2015－ 至今　　• 上海市医师协会妇产科医师分会　会长

- **代表性论文，著作**

1. Bao W, Wang HH, Tian FJ, He XY, Qiu MT, Wang JY, Zhang HJ, Wang LH, Wan XP*. A TrkB-STAT3-miR-204-5p regulatory circuitry controls proliferation and invasion of endometrial carcinoma cells.Mol Cancer, 2013, 12(1): 155.
2. Bao W, Qiu H, Yang T, Luo X, Zhang H, Wan X*. Upregulation of TrkB promotes epithelial-mesenchymal transition and anoikis resistance in endometrial carcinoma. PLoS One, 2013, 8(7): e70616.
3. Li Y, Jia Y, Che Q, Zhou Q, Wang K, Wan XP*. AMF/PGI-mediated tumorigenesis through MAPK-ERK signaling in endometrial carcinoma. Oncotarget, 2015, 6(28): 26373-26387.
4. Che Q, Liu BY, Liao Y, Zhang HJ, Yang TT, He YY, Xia YH, Lu W, He XY, Chen Z, Wang FY, Wan XP*. Activation of a positive feedback loop involving IL-6 and aromatase promotes intratumoral 17β-estradiol biosynthesis in endometrial carcinoma microenvironment. Int J Cancer, 2014, 135(2): 282-294.
5. Jiang FZ, He YY, Wang HH, Zhang HL, Zhang J, Yan XF, Wang XJ, Che Q, Ke JQ, Chen Z, Tong H, Zhang YL, Wang FY, Li YR, Wan XP*. Oncotarget. Mutant p53 induces EZH2 expression and promotes epithelial-mesenchymal transition by disrupting p68-Drosha complex assembly and attenuating miR-26a processing. Oncotarget, 2015, 6(42): 44660-44674.

6. Tong H, Ke JQ, Jiang FZ, Wang XJ, Wang FY, Li YR, Lu W, Wan XF. Tumor-associated macrophage-derived CXCL8 could induce ER α suppression via HOXB13 in endometrial cancer. Cancer Lett, 2016, 376(1): 127-136.

7. Li Y, Jia Y, Che Q, Zhou Q, Wang K, Wan XP*. AMF/PGI-mediated tumorigenesis through MAPK-ERK signaling in endometrial carcinoma. Oncotarget, 2015, 6(28): 26373-26387.

8. 主编. 妇科阴道手术学. 北京：人民卫生出版社. 2009.

9. 主编. 妇产科手术难点与技巧图解. 北京：人民卫生出版社. 2010.

10. 主译. 现代妇产科疾病诊断与治疗. 北京：人民卫生出版社. 2000.

重要科技奖项

1. 上皮性卵巢癌早期诊断及预后判定的基础研究和临床应用. 2012. 上海市科技进步一等奖. 第1完成人.

2. 上皮性卵巢癌基础和临床研究. 2011. 中华医学科技三等奖. 第1完成人.

3. 上皮性卵巢癌基础和临床研究. 2010. 上海医学科技二等奖. 第1完成人.

4. 腹腔镜和腹腔镜辅助乙状结肠代阴道术治疗先天性无阴道畸形. 2003. 上海市第五届临床医学成果三等奖. 第1完成人.

5. 经腹根治性宫颈切除保留子宫动脉的手术学研究. 2006. 第27届上海市优秀发明三等奖. 第1完成人.

6. 大鼠同种异体子宫异位移植模型的建立. 2007. 第五届中国科协期刊优秀学术论文奖. 第1完成人.

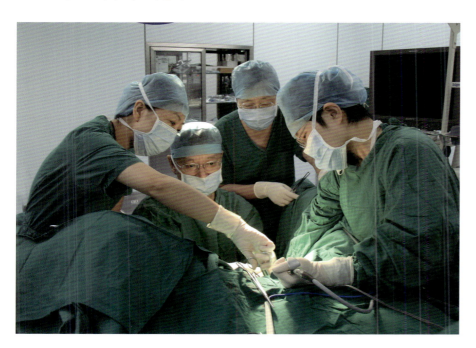

学术成就概览

万小平医师，是上海市第一妇婴保健院党委书记，兼任副院长。妇产科学教授，主任医师，博士生导师。国务院特殊津贴专家，上海市领军人才，上海市优秀学科带头人，上海市科技进步一等奖第1完成人。《中华妇产科杂志》等杂志编委。研究方向：妇科肿瘤学、女性生殖道畸形学。经过20余年的潜心钻研，在妇科肿瘤学及妇科整形手术学领域居于国内领先地位。

在诊疗技术的创新与推广方面，带领所在团队成功开展了多项妇科新手术，包括经阴道广泛性宫颈切除术（宫颈癌）、阴道直肠消化道双开口封闭手术、直肠子宫内膜异位的直肠部分切除加低位吻合术、腹腔镜下广泛全子宫切除术、腹腔镜腹主动脉旁淋巴结切除术、腹腔镜腹膜代阴道、乙状结肠代及宫颈成型术、左肾静脉下淋巴结切除术、全腹腔镜子宫切除术等近10项妇科新手术，其中2项手术的成果或经验发表于SCI期刊并获奖有效地推动了学科临床关键技术的发展和应用。

在基础研究的探索与转化方面，负责国家自然科学基金、上海市卫生发展重大项目基金和上海市重点基金等科研课题。研究成果荣获上海市科技进步一等奖、中华医学三等奖、上海市临床医疗成果三等奖。在国家自然科学基金、上海市科委重点项目等课题资助下，在卵巢癌早期诊断与预后判定方面的研究取得重大进展，研究成果获上海市科技进步一等奖及中华医学奖三等奖。此外，还在子宫内膜癌发病机制及临床转化研究方面进行积极探索，连续获得8项国家自然科学基金面上项目支持，研究结果发表SCI论文50篇（均为通讯作者），主编专业著作2部，主译专业著作2部。

马　端

专业	
分子遗传学与表观遗传学	
专业技术职称	
教授	
工作单位与职务	
复旦大学代谢分子教育部重点实验室、复旦大学出生缺陷研究中心、上海市出生缺陷防治重点实验室教授	

● 主要学习经历

1979–1982	武汉科技大学医学院医疗系
1985–1988	山东医科大学内科血液学　硕士
1995–1998	上海医科大学生物化学分子生物学　博士
1998–2000	中国医学科学院 / 北京协和医科大学 / 北京协和医院心内科　博士后
2000–2001	美国新墨西哥州大学医学院病理系　博士后

● 主要工作经历

1983–1985	河南安阳钢铁公司职工医院内科　住院医师
1989–2000	山东省血栓病研究中心　主任医师、副主任医师
2002.04–	复旦大学分子医学教育部重点实验室，复旦大学出生缺陷研究中心，上海市出生缺陷防治研究中心　教授、博士生导师

● 重要学术兼职

2013–2015	东亚人类遗传学会　秘书长
2013–2015	中华医学会医学遗传学分会　常务委员、副秘书长
2013–2015	上海市医学会遗传学分会　副主任委员 / 候任主任委员
2011–2016	上海市医学会罕见病分会　副主任委员
2008–2016	上海市遗传学会科学普及工作委员会　主任委员

● 代表性论文，著作

1. Wang JP, Xiao JJ, Wen DP, Wu X, Mao ZH, Zhang J, Ma D*. Endothelial Cell-Anchored Tissue Factor Pathway Inhibitor Regulates Tumor Metastasis to the Lung in Mice. Molecular Carcinogenesis, 2016, 55(5): 882-896.

2. Liang F, Diao L, Jiang N, Zhang J, Wang HJ, Zhou WH, Huang GY, Ma D*. Chronic exposure to ethanol in male mice may be associated with hearing loss in offspring. Asian J Androl, 2015, 17(6): 985-990.

3. Deng S, Zhang Y, Xu C, Ma D*. MicroRNA-125b-2 overexpression represses ectodermal differentiation of mouse embryonic stem cells. Int J Mol Med, 2015, 36(2): 355-362.

4. Chen F, Zhao X, Peng J, Bo L, Fan B, Ma D*. Integrated microRNA-mRNA analysis of coronary artery disease. Mol Biol Rep, 2014, 41(8): 5505-5511.

5. Liang F, Diao L, Liu J, Jiang N, Zhang J, Wang H, Zhou W, Huang G, Ma D*. Paternal ethanol exposure and behavioral abnormities in offspring: Associated alterations in imprinted gene methylation. Neuropharmacology, 2014, 81: 126-133.

6. Xu F, Wang YL, Chang JJ, Du SC, Diao L, Jiang N, Wang H, Ma D*, Zhang J*. Mammalian sterile 20-like kinase 1/2 inhibit Wnt/β-catenin signaling pathway by directly binding Casein kinase 1 epsilon. Biochem J, 2014, 458(1): 159-169.

7. Zhang J, Luo X, Ma XJ, Wu Y, Li WC, Wang HJ, Huang GY*, Ma D*. miRNA Deregulation in Right Ventricular Outflow Tract Myocardium of Non-syndromic Tetralogy of Fallot. Canadian Journal of Cardiology, 2013, 29(12): 1695-1703.

8. Zhang YL, Wang LN, Zhou WH, Zhang J, Wang HJ, Jiang Q, Deng SS, Li WH, Wang L, Li HW, Mao ZH, Ma D*. Tissue factor pathway inhibitor-2: A novel gene involved in zebrafish central nervous system development. Developemntal Biology, 2013, 381(1): 38-49.

9. Wang T, Qian YY, Hua KQ, Ma D*. The Relationship Between Insulin Resistance and CpG Island Methylation of LMNA Gene in Polycystic Ovary Syndrone. Cell Biochemistry and Biophysics, 2013, 67(3): 1041-1047.

10. Pan J, Ma D, Sun F, Liang W, Liu R, Shen W, Wang H, Ji Y, Hu R, Liu R, Luo X, Shi H. Over-expression of TFPI-2 promotes atherosclerotic plaque stability by inhibiting MMPs in apoE-/- mice. Int J Cardiol, 2013, 168: 1691-1697.

• 重要科技奖项

1. 妇幼系统检验行业公益性技术推广及妊娠相关疾病分子诊断研究. 2015. 中国妇幼健康科技一等奖.
2. 生物学前沿技术在医学研究中的应用. 2008. 上海市优秀图书一等奖.
3. 2006. 上海市第四届徐光启科技银奖
4. 重组人组织因子途径抑制物活性肽及其制备. 2002. 上海市优秀发明选拔赛一等奖.

• 学术成就概览

马端教授潜心于"出生缺陷及血管性疾病的发病机制和防治策略"展开系列研究，近年并获得了诸多成就，如：

1. 出生缺陷

2008 年，参与组建了"复旦大学出生缺陷研究中心"，任常务副主任。建立了"中国人遗传资源库"，迄今已收集各类遗传病样本 5 万余份。对精子异常与出生缺陷、先天性心脏病、先天性感音耳聋、染色体疾病、先天智障和遗传代谢病等展开了系统的研究，发现了一批疾病致病候选基因，明确了部分基因的致病机制。领导研制了 200 余种遗传性疾病的诊断方法，已在数十家医院得到应用。合作主编了"临床遗传学"及"40 种出生缺陷产前诊断行业规范和指南"。近 5 年在此领域发表论文 49 篇，其中 SCI 论文 32 篇，最高影响因子 7.156，最高单篇引用次数为 125 次。

2. 血管性疾病

围绕组织因子（TF）及其抑制物 -1 和 2（TFPI-1，TFPI-2）展开系列研究。在国内外首次制备了 TFPI-1 和 TFPI-2 条件基因敲除小鼠，建立了急性肺损伤、急性呼吸窘迫综合症、急怵血管内弥漫性内凝血和动脉粥样硬化小鼠模型。应用斑马鱼平台建立了 TFPI-2 下调模型，发现 TFPI-2 可通过 Notch 通路影响中枢神经系统发育。鉴定了与 TFPI-2 相互作用的蛋白，发现 TFPI-2 第二个结构域可与 prosaposin 相互作用从而抑制纤维肉瘤的侵袭和转移，过表达时通过抑制基质金属蛋白酶 MMPs 而促使动脉粥样硬化斑块稳定。明确了 TFPI-1 和 TFPI-2 与血管性疾病存在关联。阐明了 TFPI-2 启动子甲基化是调控其表达的关键机制。研制了组织因子人源抗体和长效组织因子途径抑制物，分别完成了治疗动脉血栓形成及感染性弥漫性血管内凝血的临床前研究，获得了中国和美国发明专利授权。近 5 年在此领域发表论文 28 篇，其中 SCI 论文 16 篇，最高影响因子 7.156。主编了《生物学前言技术在医学研究中的应用》，主译了《免疫生物学》。

获得领军人才以来，得到了 2 项国家和 2 项上海市科技项目资助，完成了 3 个国家级项目结题。

王林辉

专业
外科学
专业技术职称
教授，主任医师
工作单位与职务
第二军医大学 附属长海医院泌尿外科副主任

主要学习经历

1984.09−1990.07 · 第二军医大学临床医学　学士
1994.09−1999.07 · 第二军医大学长海医院（泌尿外科学）　博士

主要工作经历

1990.07−1996.08 · 第二军医大学附属长海医院泌尿外科　医师、助教
1996.09−2002.11 · 第二军医大学附属长海医院泌尿外科　主治医师、讲师
2001.10− 至今　· 第二军医大学附属长海医院泌尿外科　副主任
2002.12−2005.08 · 第二军医大学附属长海医院泌尿外科　副主任医师、副教授
2005.09− 至今　· 第二军医大学附属长海医院泌尿外科　主任医师、教授
2007.10− 至今　· 第二军医大学附属长海医院泌尿外科　科室党支部书记

重要学术兼职

2014.06− 至今　· 中国医师协会男科医师分会　副会长
2013.11− 至今　· 中华医学会上海分会男科专科委员会　副主任委员
2014.04− 至今　· 上海市医师协会泌尿外科医师分会　委员兼秘书
2014.10− 至今　· 中华医学会泌尿外科分会肿瘤学组　委员
2013.01− 至今　·《中国外科年鉴》　副主编

代表性论文，著作

1. Song S, Wu Z, Wang C, Liu B, Ye X, Chen J, Yang Q, Ye H, Xu B, Wang L. RCCRT1 is correlated with prognosis and promotes cell migration and invasion in renal cell carcinoma. Urology, 2014, 84(3): 730.e1-7. （通讯作者）
2. Wu Z, Li M, Qu L, Ye H, Liu B, Yang Q, Sheng J, Xiao L, Lv C, Yang B, Gao X, Gao X, Xu C, Hou J, Sun Y, Wang L. A Propensity-Score Matched Comparison of Perioperative and Early Renal Functional Outcomes of Robotic versus Open Partial Nephrectomy. PloS One, 2014, 9(4): e94195. （通讯作者）
3. Wu Z, Li M, Song S, Ye H, Yang Q, Liu B, Cai C, Yang B, Xiao L, Chen Q, Lu C, Gao X, Xu C, Gao X, Hou J, Sun Y, Wang L. A Propensity-Score Matched Analysis Comparing Robotic Versus Laparoscopic Partial Nephrectomy. BJU international, 2014, 9(14): e9415. （通讯作者）
4. Wu Z, Li M, Liu B, Cai C, Ye H, Lv C, Yang Q, Sheng J, Song S, Qu L, Xiao L, Sun Y, Wang L. Robotic versus Open Partial Nephrectomy: A Systematic Review and Meta-Analysis. PloS One, 2014, 9(4): e94878. （通讯作者）
5. Wang L, Wu Z, Ye H, Li M, Sheng J, Liu B, Xiao L, Yang Q, Sun Y. Correlations of Tumor Size, RENAL, Centrality Index, Preoperative Aspects and Dimensions Used for Anatomical, and Diameter-axial–polar Scoring With Warm Ischemia Time in a Single Surgeon's Series of Robotic Partial Nephrectomy. Urology, 2014, 83(5): 1075-1080. （第一作者）
6. Xu B, Gao L, Wang L, Tang G, He M, Yu Y, Ni X, Sun Y. Effects of platelet-activating factor and its differential regulation by androgens and steroid hormones in prostate cancers. British journal of cancer, 2013, 109(5): 1279-1286. （第一作者）

7. Wang L, Wu Z, Li M, Cai C, Liu B, Yang Q, Sun Y. Laparoendoscopic single-site adrenalectomy versus conventional laparoscopic surgery: a systematic review and meta-analysis of observational studies. Journal of Endourol, 2013, 27(6): 743-750. （第一作者）

8. Wang L, Li M, Chen W, Wu Z, Cai C, Xiang C, Sheng J, Liu B, Yang Q, Sun Y. Is diameter-axial-polar scoring predictive of renal functional damage in patients undergoing partial nephrectomy? An evaluation using technetium Tc 99m ((9)(9) Tcm) diethylene-triamine-penta-acetic acid (DTPA) glomerular filtration rate. BJU international, 2013, 111(8): 1191-1198. （第一作者）

9. Wang L, Cai C, Liu B, Yang Q, Wu Z, Xiao L, Yang B, Chen W, Xu Z, Song S, Sun Y. Perioperative Outcomes and Cosmesis Analysis of Patients Undergoing Laparoendoscopic Single-site Adrenalectomy: A Comparison of Transumbilical, Transperitoneal Subcostal, and Retroperitoneal Subcostal Approaches. Urology, 2013, 82(2): 358-365. （第一作者）

10. 主编 . 前列腺探秘 . 上海：上海科学技术出版社，2013.

• 重要科技奖项

1. 2007. 国家科技进步二等奖 . 第 5 完成人 .
2. 2012. 上海市科技进步一等奖 . 第 2 完成人
3. 2006. 上海市科技进步一等奖 . 第 5 完成人 .
4. 2003. 上海市科技进步二等奖 . 第 1 完成人
5. 2009. 上海市科技进步二等奖 . 第 2 完成人 .
6. 2006. 军队医疗成果一等奖 . 第 2 完成人 .
7. 2001. 军队医疗成果一等奖 . 第 3 完成人 .
8. 2010. 上海市医学科技一等奖 . 第 2 完成人 .
9. 2002. 中华医学科技三等奖 . 第 3 完成人 .
10. 2001. 军队科技进步三等奖 . 第 1 完成人 .

• 学术成就概览

　　王林辉教授从事医、教、研工作 20 余年，形成了以泌尿系疾病微创治疗、肾脏肿瘤综合诊治及肾移植为特色的专业主攻方向。近 3 年来主刀完成手术 1 500 余例，微创比率达到 90% 以上。2010 年、2011 年先后分别与美国克利夫兰医学中心、美国南加州大学 Keck 医学院等联合举办国际培训班，并进行现场手术演示。2011 年完成了国内首例单孔腹腔镜活体供肾切取术，截至 2014 年 10 月已完成泌尿外科各类单孔腹腔镜手术 300 余例，并受邀在全国 10 余家三甲医院进行大会手术演示或示教推广。该技术达到了国际先进、国内领先水平，并获上海市申康医院发展中心基金资助，同时受上海市卫生局委托牵头负责单孔腹腔镜技术在上海地区的临床应用研究和规范化推广。2012 年成立长海医院机器人手术中心

　　并担任中心主任，目前个人完成的泌尿外科机器人手术总量位居全国前列，其中机器人腹腔镜肾癌保肾手术例数全国第一，作为大会主席成功举办了 2014 年达芬奇机器人及 3D 单孔腹腔镜大会。2014 年获批"第二军医大学肾癌专病诊治中心"，并担任中心负责人。2014 年担任"十二五"国家重点出版项目《中国当代医学名家经典手术》泌尿外科学指导小组专家。2014 年开始担任中国医师协会男科医师分会副会长，2013 年底开始担任中华医学会上海分会男科专科委员会副主任委员。

　　在肾癌转移机制研究方面，在国际上率先发现了 CXCR4 核转位介导肾癌转移的现象和机制，为晚期肾癌靶向新药的研发和疗效评价奠定了理论基础。相关研究成果获 2003 年上海市科技进步二等奖（第 1 完成人）、2010 年上海市医学科技一等奖（第 2 完成人）、2012 年上海市科技进步一等奖（第 2 完成人）。2013 年入选上海市优秀学术带头人培养计划。2014 年以通讯或第一作者发表 SCI 论文 5 篇，2013 ～ 2014 年获国家实用新型专利 3 项。

方贻儒

专业

精神病与精神卫生学

专业技术职称

教授，主任医师

工作单位与职务

上海交通大学医学院教授
上海市精神卫生中心主任医师

● 主要学习经历

1979.09－1984.07 · 湖南医学院（中南大学湘雅医学院）临床医学专业　学士
1987.09－1990.07 · 上海第二医科大学（上海交通大学医学院）精神病与精神卫生学专业　硕士
2002.09－2005.07 · 上海第二医科大学（上海交通大学医学院）精神病与精神卫生学专业　博士

● 主要工作经历

1984.07－1987.07 · 湖南省岳阳市精神康复医院　住院医师
1987.07－ 至今　 · 上海交通大学医学院　助教、讲师、副教授、教授
　　　　　　　　 · 上海市精神卫生中心　住院医、主治医、副主任医、主任医师

● 重要学术兼职

2015.06－ 至今 · 中国神经科学学会精神病学基础与临床分会　主任委员
2015.11－ 至今 · 中华医学会精神医学分　副主任委员
2016.07－ 至今 · 上海市医学会精神医学专科分会　顾问
2014.11－ 至今 · 上海市医师协会精神科医师分会　副会长
2013.04－ 至今 · 中国双相障碍协作组　组长

● 代表性论文，著作

1. Chen Zhang, Zhiguo Wu, Guoqing Zhao, Fan Wang, Yiru Fang*. Identification of IL6 as a susceptibility gene for major depressive disorder. Scientific Reports, 2016, 6: 31264.
2. Chen Zhang, Zuowei Wang, Wu Hong, Zhiguo Wu, Daihui Peng, Yiru Fang*. ZNF804A Genetic Variation Confers Risk to Bipolar Disorder. Molecular Neurobiology, 2016, 53(5): 2936-2943.
3. Chen Zhang, Dengfeng Zhang, Zhiguo Wu, Dai-Hui Peng, Jun Chen, Jianliang Ni, Wenxin Tang, Lin Xu, Yonggang Yao, Yiru Fang*. Complement factor H and susceptibility to major depressive disorder inHan Chinese. Br J Psychiatry, 2016, 208(5): 446-452.
4. Chen Zhang, Weihong Lu, Zuowei Wang, Jianliang Ni, Jiangtao Zhang, Wenxin Tang, Yiru Fang*. A comprehensive analysis of NDST3 for schizophrenia and bipolar disorder in Han Chinese. Translational Psychiatry, 2016,6: e701.
5. Xiaoyun Guo, Zezhi Li, Chen Zhang, Zhenghui Yi, Haozhe Li, Lan Cao, Chengmei Yuan, Wu Hong, Zhiguo Wu, Daihui Peng, Jun Chen, Weiping Xia, Guoqing Zhao, Fan Wang, Shunying Yu, Donghong Cui, Yifeng Xu, Chowdhury M.I. Golam, Alicia K. Smith, Tong Wang, Yiru Fang*. Down-regulation of PRKCB1 expression in Han Chinese patients with subsyndromal symptomatic depression. J Psychiatr Res, 2015, 69: 1-6.
6. Zuowei Wang, Jun Chen, Chen Zhang, Keming Gao, Wu Hong, Mengjuan Xing, Zhiguo Wu, Chengmei Yuan, Jia Huang, Daihui Peng, Yong Wang, Weihong Lu, Zhenghui Yi, Xin Yu, Jingping Zhao, Yiru Fang*. Guidelines concordance of maintenance treatment in euthymic patients with bipolar disorder: Data from the national bipolar mania pathway survey (BIPAS) in mainland China. J Affect Disord, 2015, 182: 101-105.

7. Haozhe Li, Wu Hong, Chen Zhang, Zhiguo Wu, Zuowei Wang, Chenmei Yuan, Zezhi Li, Jia Huang, Zhiguang Lin, Yiru Fang*. IL-23 and TGF-β1 levels as potential predictive biomarkers in treatment of bipolar I disorder with acute manic episode. J Affect Disord, 2015, 174: 361-366.

8. Daihui Peng, Elizabeth B. Liddle, Sarina J. Iwabuchi, Chen Zhang, Zhiguo Wu, Jun Liu, Kaida Jiang, Lin Xu, Peter F Liddle, Lena Palaniyappan, Yiru Fang*. Dissociated large-scale functional connectivity networks of the precuneus in medication-naïve first-episode depression. Psychiatry Research, 2015 232(3): 250-256.

9. Li Z, Zhang C, Fan J, Yuan C, Huang J, Chen J, Yi Z, Wang Z, Hong W, Wang Y, Lu W, Guang Y, Wu Z, Su Y, Cao L, Hu Y, Hao Y, Liu M, Yu S, Cui D, Xu L, Song Y, Fang Y*. Brain-derived neurotrophic factor levels and bipolar disorder in patients in their first depressive episode: 3-year prospective longitudinal study. Br J Psychiatry, 2014, 205(1): 29-35.

10. Peng D, Shi F, Shen T, Peng Z, Zhang C, Liu X, Qiu M, Jiang K, Fang Y*, Shen D. Altered brain network modules induce helplessness in major depressive disorder. J Affect Disord, 2014, 168:21-29.

● 重要科技奖项

1. 难治性抑郁症的优化治疗策略及其应用 . 2013. 上海市科学技术三等奖 .

2. 发明专利：亚综合征抑郁基因表达诊断芯片 . 2013. 中国 (ZL201110032299.7).
   发明人：方贻儒，易正辉，李则挚，洪武 .

● 学术成就概览

方贻儒教授，医学博士，上海交通大学医学院博导，心境障碍诊治中心主任，上海市精神卫生中心国家临床重点专科学科带头人，上海市精神疾病临床医学中心主任。方教授担任国家卫生和计划生育委员会住院医师规范化培训《精神病学》教材主编，《中国双相障碍防治指南（第二版）》主编，上海市"精品课程"《精神病学》教材主编，East Asia Bipolar Forum 主席。曾任国家自然科学基金委员会二审评委。

从医执教 30 余年，一直致力于精神病与精神卫生学专业的临床、科

研及教学工作，对多种精神疾病有深厚的学术理论造诣和丰富的临床实践经验。指导研究生和带领团队潜心于临床精神病学（聚焦于抑郁障碍/双相障碍的诊断、治疗与康复）、生物精神病学等领域的科学研究和学术探索，取得了一系列得到国内外同行首肯的突出成就与学术贡献。曾获上海市科学技术进步奖三等奖（2013）。迄今，承担"十五""十二五""863"及国家自然科学基金委重大计划等课题多项；并负责"十三五慢病重大专项"。在国内外相关杂志上发表了 300 多篇学术论文，以第一 / 通讯作者发表 SCI 收录论文逾 60 篇。主编《精神病学》《抑郁障碍》等 20 多部教材 / 专著。组织全国性精神病学、神经科学学术会议多次。同时，更在全国率先推进精神专科医疗机构的亚专科化建设，所负责的"上海市精神卫生中心心境障碍科"成为我国精神病学临床学科的标杆单位。

入选上海领军人才以来，在精神疾病临床医学中心学科建设、科学研究、人才建设方面进一步奋力开拓。所研发的帮助公众自我识别抑郁焦虑障碍，以及用于临床治疗管理、疾病长程随访，兼有大众健康教育，医患互动的现代信息技术——"心情温度计"app 软件已经正式上线，并推广应用。与此同时，利用任职全国性学术团体主任委员、副主任委员的平台，在学科发展、团队建设等方面孜孜不倦地耕耘，奉献自己智慧与努力。

曲乐丰

专业

外科学

专业技术职称

教授，主任医师

工作单位与职务

第二军医大学
附属长征医院血管外科主任

主要学习经历

1989.09−1995.06・第二军医大学军医系 89 级　学士
1995.07−1997.06・第二军医大学　硕士
1997.07−2000.06・第二军医大学　博士
2000.10−2002.11・复旦大学　博士后

主要工作经历

1995.07−2000.09・第二军医大学长海医院普通外科　住院医师、主治医师、助教、讲师
2000.10−2003.11・复旦大学附属中山医院血管外科　主治医师、讲师、副主任医师（资格）
2003.01−2005.03・第二军医大学长海医院血管外科　主治医师、讲师
2005.04−2007.09・德国埃尔兰根−纽伦堡大学教学医院血管外科　执业医师（执照号：Nr.620-2411.2-Qu）、主任助理
2007.10−2012.03・第二军医大学长海医院血管外科　副教授、副主任医师、硕士研究生导师、行政副主任
2012.04− 至今　・第二军医大学长征医院血管外科　行政主任
2012.09− 至今　・第二军医大学长征医院微创介入中心　行政副主任

重要学术兼职

2016.08−2019.08・中华医学会外科学分会血管外科学组　全国委员
2016.04−2019.04・中国微循环协会周围血管专业委员会颈动脉学组　首任主任委员
2013.07−2018.07・国际血管联盟中国青年委员会　副主任委员
2016.10−2019.10・国家卫生和计划生育委员会脑卒中防治工程缺血性卒中专业委员会　副主任委员
2015.08−2018.08・国家卫生和计划生育委员会脑卒中防治工程中青年专家委员会　副主任委员
2015.10−2018.10・中国医师协会腔内血管学专业委员会颈动脉疾病专家委员会　副主任委员
2015.11−2018.11・中国微循环学会周围血管疾病专业委员会　副主任委员
2016.08−2019.08・中国医疗保健国际交流促进会血管外科分会颈动脉学组　副组长

代表性论文，著作

1. Quercitrin treatment protects endothelial progenitor cells from oxidative damage via inducing autophagy through extracellular signal-regulated kinase. Angiogenesisz, 2016, 19(3): 311-324. （通讯作者）
2. NADPH oxidase 4 contributes to connective tissue growth factor expression through Smad3-dependent signaling pathway. Free Radic Biol Med, 2016, 94: 174-184. （通讯作者）
3. TAArget versus EndoFit thoracic stent-grafts in thoracic endovascular aortic repair: a retrospective comparison of early and mid-term results in a single center. J Cardiovasc Surg (Torino), 2016, 57(3): 466-473. （通讯作者）

4. Improved visual, acoustic, and neurocognitive functions after carotid endarterectomy in patients with minor stroke from severe carotid stenosis. J Vasc Surg, 2015, 62(3): 635-664. （通讯／第一作者）

5. Using PTFE covered stent-artery anastomosis in a new hybrid operation for giant juxta-skull internal carotid aneurysm with tortuous internal carotid artery. Int J Cardiol, 2015, 185: 25-28. （通讯作者）

6. Seventeen Years' Experience of Late Open Surgical Conversion after Failed Endovascular Abdominal Aortic Aneurysm Repair with 13 Variant Devices. Cardiovasc Intervent Radiol, 2015, 38: 53-59. （通讯作者）

7. Application of adipose-derived stem cells in critical limb ischemia. Frontier in Bioscienc, 2014, 19: 768-776. （通讯作者）

8. α4β7 integrin (LPAM-1) is upregulated at atherosclerotic lesions and is involved in atherosclerosis progression. Cellular Physiology and Biochemistry, 2014, 33: 1876-1887. （通讯作者）

9. 主编 . 颈动脉内膜斑块切除术——手术技巧及围术期处理 . 北京：人民军医出版社 . 2015.

10. 主编 . 颈动脉狭窄与脑卒中 . 上海：第二军医大学出版社 2012.

● 重要科技奖项

1. "解剖固定"新理论的建立及在腹主动脉瘤腔内修复术中的应用 . 2013. 军队医疗成果二等奖 . 第 1 完成人 .

2. "解剖固定"新理论的建立及在腹主动脉瘤腔内修复术中的应用 . 2014. 上海医学科技进步三等奖 . 第 1 完成人 .

3. 国家卫计委脑卒中筛查与防治工程优秀中青年专家奖 . 2014. 第 1 完成人 .

4. 第二军医大学首届"金手术刀奖". 2015. 第 1 完成人 .

5. 国家卫计委脑卒中筛查与防治工程优秀中青年专家奖 . 2016 第 1 完成人 .

● 学术成就概览

曲乐丰教授主要从事血管外科疾病的临床、基础和转化研究，主攻主动脉疾病个体化微创治疗、颈动脉疾病个体化微创治疗和血管疾病相关临床转化研究。

曲乐丰教授入选上海市"东方学者"特聘教授及跟踪对象（2016，2010）、上海领军人才（2013）等省部级人才计划 5 项，获军队优秀专业技术人才一类岗位津贴。担任学科带头人创建长征医院血管外科 3 年内建成"国家卫计委脑卒中筛查与防治颈动脉内膜剥脱技术培训基地""国家外周血管介入诊疗培训基地""中国健康促进基金会静脉血栓防治培训基地""中国医药教育协会全国 VDM 中心示范基地""上海市脑卒中临床救治中心"和"第二军医大学颈部血管病诊疗中心"。

主要学术成就包括：

（1）针对困扰微创大动脉外科的一系列国际难题，提出新概念、研发

新器具、钻研新术式，国际首创腹主动脉瘤腔内治疗"解剖固定"新概念，较早研究复杂腹主动脉及胸主动脉病变复合微创腔内治疗，扩大适应证、提高成功率、降并发症率。以第一／通讯作者发表论文 14 篇，其中 SCI 收录 7 篇（封面文章 2 篇）。作为第 1 发明人申请国家发明专利 4 项，第 1 完成人获军队医疗成果二等奖 1 项，上海医学科技进步奖三等奖 1 项。获 Lifeline 血管和介入中心主任 Harlin 教授认可和高度评价（Ann Vasc Surg, 2010），获腹主动脉瘤腔内修复术发明者 Parodi 教授和美国 VIVA 大会主席 Mehta 教授的一致高度评价（J Endovasc Ther, 2011）。

（2）针对我国颈动脉狭窄与脑卒中的关系认知度不高，外科手段治疗脑卒中难以推广。提出"颈动脉内膜斑块切除术"新概念，改良颈动脉外科术式；开展炎症与免疫在相关发病机制中的研究；大力推动相关技术在全国的推广和普及，组建中国微循环学会周围血管疾病分会颈动脉学组并担任首任主委，被国家卫生和计划生育委员会直接任命为全国 10 家技术培训基地之一。以第 1／通讯作者发表论文 19 篇，其中 SCI 6 篇。获省部级以上基金 4 项。主编专著 2 部，参编卫生和计划生育委员会相关技术培训大纲及教材 2 部，出版手术教学视频 2 套。获国家卫生和计划生育委员会脑卒中筛查与防治"优秀中青年专家奖"2 次，中国脑卒中防治百篇优秀论文北斗奖一、二等奖各 1 次，受到汪忠镐院士和王陇德院士的高度认可。

（3）针对我国高发血管外科疾病缺乏相关临床循证医学证据现状，积极参与并主持多项临床研究；同时针对血管外科相关器具国内尚存技术空白、国外进口价格高的现状，开展器具研发与转化，尽可能给人民群众提供质优价廉的国产设备，减轻经济负担。参与国际多中心 RCT 研究 1 项，主持国内临床研究 3 项，获上海科委医学引导类科技支撑项目、上海科委产学研专项基金、第二军医大学首届研究型医师基金等项目资助。以第 1 发明人被授权国家发明专利 3 项，申请阶段 5 项，成功转化 1 项，产品在国内 10 余家医院推广，经济效益 500 万元／年。

朱同玉

专业

外科学

专业技术职称

教授，主任医师

工作单位与职务

复旦大学
附属中山医院副院长

● 主要学习经历

1984.09—1989.07 • 青岛医学院临床医学　学士
1989.09—1994.07 • 上海医科大学外科学　博士
1999.11—2000.11 • 香港大学医学院药理学系　Research fellow

● 主要工作经历

1994.08—1997.04 • 复旦大学附属中山医院　主治医师
1997.04—2003.10 • 复旦大学附属中山医院　副教授
2003.10— 至今　 • 复旦大学附属中山医院　主任医师
2005.10— 至今　 • 复旦大学附属中山医院　教授
2008.06— 至今　 • 复旦大学附属中山医院　副院长

● 重要学术兼职

2015.02— 至今　 • 中国医师协会器官移植医师分会肾移植专业委员会第一届　副主任委员
2014.02— 至今　 • 中华医学会器官移植分会肾移植组　副组长
2012.03— 至今　 • 上海医学会器官移植分会　副主委
2007.04— 至今　 • 上海市肾移植质控专家委员会　委员
2010.09— 至今　 • 上海市器官移植重点实验室　主任

● 代表性论文，著作

1. Wang M, Qiu Y, Wang X, Zhao F, Jin M, Xu M, Rong R, Ge H, Zhang Y, Wang X, Zhu T. Role of HLA-G and NCR in protection of umbilical cord blood haematopoietic stem cells from NK cell mediated cytotoxicity. J Cell Mol Med, 2011, 15(10): 2040-2045.
2. Wu D, Zhu D, Xu M, Rong R, Tang Q, Wang X, Zhu T. Analysis of transcriptional factors and regulation networks in patients with acute renal allograft rejection. J Proteome Res, 2011, 10(1): 175-181.
3. Wu D, Qi G, Wang X, Xu M, Rong R, Wang X, Zhu T. Hematopoietic stem cell transplantation induces immunologic tolerance in renal transplant patients via modulation of inflammatory and repair processes. J Transl Med, 2012, 10: 182.
4. Qi G, Lin M, Xu M, Manole CG, Wang X, Zhu T. Telocytes in the human kidney cortex. J Cell Mol Med, 2012, 16(12): 3116-3122.
5. Yang C, Xu Z, Zhao Z, Li L, Zhao T, Peng D, Xu M, Rong R, Long YQ, Zhu T. A novel proteolysis-resistant cyclic helix B peptide ameliorates kidney ischemia reperfusion injury. Biochim Biophys Acta, 2014, 1842(11): 2306-2317.
6. Yang C, Li L, Xue Y, Zhao Z, Zhao T, Jia Y, Rong R, Xu M, Nicholson ML, Zhu T, Yang B. Innate immunity activation involved in unprotected porcine auto-transplant kidneys preserved by naked caspase-3 siRNA. J Transl Med, 2013, 11: 210.
7. Yang C, Zhao T, Zhao Z, Jia Y, Li L, Zhang Y, Song M, Rong R, Xu M, Nicholson ML, Zhu T, Yang B. Serum-stabilized naked caspase-3 siRNA protects autotransplant kidneys in a porcine model. Mol Ther, 2014, 22(10): 1817-1828.

8. Li L, Lin M, Li L, Wang R, Zhang C, Qi G, Xu M, Rong R, Zhu T. Renal telocytes contribute to the repair of ischemically injured renal tubules. J Cell Mol Med, 2014, 18(6): 1144-1156.

9. Zhao Z, Yang C, Li L, Zhao T, Wang L, Rong R, Yang B1, Xu M, Zhu T. Increased peripheral and local soluble FGL2 in the recovery of renal ischemia reperfusion injury in a porcine kidney auto-transplantation model. J Transl Med, 2014, 12: 53.

10. Zhao Z, Yang C, Wang L, Li L, Zhao T, Hu L, Rong R, Xu M, Zhu T. The regulatory T cell effector soluble fibrinogen-like protein 2 induces tubular epithelial cell apoptosis in renal transplantation. Exp Biol Med (Maywood), 2014, 239(2): 193-201.

● 重要科技奖项

无。

● 学术成就概览

朱同玉教授长期从事肾移植免疫排斥及耐受的临床与基础研究工作。在肾移植临床抗排斥及免疫耐受诱导研究方面，组织了第一个国产人源化 CD25 单克隆抗体多中心临床试验，推动了具有自主知识产权的单抗类免疫抑制药物的国产化进程；主持完成 10 例造血干细胞输注联合肾移植诱导免疫耐受的临床治疗，成功诱导了嵌合体形成，并发现供者特异

性免疫低反应现象，使大部分患者的免疫抑制剂用量可以减至常规剂量的 1/2 左右，该发现提示了一种从根本上解决器官移植后排斥问题的新思路。这些工作提高了肾移植成功率，改善了国内活体肾移植中较为普遍的免疫抑制不足的现状，延长了移植肾及受者存活时间，使众多移植受者从中受益。

在基础研究方面，利用蛋白组学方法，阐明了不同免疫状态下的肾移植患者血清蛋白网络差异性变化及临床意义；发现命名了肾脏特洛细胞，并进一步阐明其在肾脏损伤修复中的作用；在免疫调节研究中阐明了 sFGL2 蛋白在急性排斥反应中的意义，并进一步发现了 sFGL2 抑制免疫细胞、促进组织凋亡的作用。这些研究深入揭示肾移植相关免疫状态评价、免疫调控的潜在机制，探讨了移植免疫干预的新策略，为肾移植临床精准治疗提供了大量实验基础。

注重基础研究成果向临床转化，在前期研究发现促红细胞生成素具有肾脏缺血再灌注损伤保护作用的基础上，自主合成了低副反应、高效的 EPO 衍生物多肽 HBSP，并进一步设计合成了衍生物环肽 CHBP，提高了药物的稳定性、活性。大量实验证明 CHBP 可以作为一种新型的肾脏保护类药物，具有极大的开发前景和临床应用价值，现已获批专利（专利号：ZL2013100227284.3）。

华克勤

专业

妇产科学

专业技术职称

主任医师

工作单位与职务

复旦大学
附属妇产科医院党委书记

主要学习经历

1980.09−1985.07 · 上海第二医科大学　学士
2003.01−2007.01 · 复旦大学　博士

主要工作经历

1985.08−1987.10 · 上海市第一妇婴保健院　住院医生
1987.11−1992.06 · 上海医科大学附属妇产科医院　住院医生
1992.07−1997.06 · 上海医科大学附属妇产科医院　主治医生
1997.07−2000.07 · 上海医科大学附属妇产科医院　副教授
2000.08−2001.02 · 上海医科大学附属妇产科医院　副教授、院长助理
2001.03−2002.10 · 上海医科大学附属妇产科医院　副教授、业务副院长
2002.11−2010.07 · 复旦大学附属妇产科医院　副教授、主任医师、业务副院长
2010.07−2013.07 · 复旦大学附属妇产科医院　副教授、主任医师、党委书记
2013.07− 至今　 · 复旦大学附属妇产科医院　教授、主任医师、党委书记

重要学术兼职

2012−2015　　 · 中华医学会上海妇产科分会　候任主任委员
2006−2012　　 · 中华医学会上海妇产科分会　副主任委员
2013−2016　　 · 中华医学会妇产科分会　常务委员
2012− 至今　　 · 上海市妇科质控中心　主任
2009− 至今　　 · 卫生部妇科四类内镜诊疗技术培训基地　主任
2009− 至今　　 · 中华医学会上海妇产科分会　主任委员

代表性论文，著作

1. Qiu JJ, Wang Y, Liu YL, Zhang Y, Ding JX, Hua KQ. The long non-coding RNA ANRIL promotes proliferation and cell cycle progression and inhibits apoptosis and senescence in epithelial ovarian cancer. Oncotarget, 2016, 7(22): 32478-32492. (通讯作者)
2. Qiu JJ, Wang Y, Ding JX, Jin HY, Yang G, Hua KQ. The long non-coding RNA HOTAIR promotes the proliferation of serous ovarian cancer cells through the regulation of cell cycle arrest and apoptosis. Exp Cell Res, 2015, 333(2): 238-248. (通讯作者)
3. Qiu JJ, Lin YY, Ding JX, Feng WW, Jin HY, Hua KQ. Long non-coding RNA ANRIL predicts poor prognosis and promotes invasion/metastasis in serous ovarian cancer. Int J Oncol, 2015, 46(6): 2497-2505. (通讯作者)
4. Ding JX, Chen LM, Zhang XY, Zhang Y, Hua KQ. Sexual and functional outcomes of vaginoplasty using acellular porcine small intestinal submucosa graft or laparoscopic peritoneal vaginoplasty: a comparative study. Hum Reprod, 2015, 30(3): 581-589. (通讯作者)
5. Xin W, Liu X, Ding J, Zhao J, Zhou Y, Wu Q, Hua K. Long non-coding RNA derived miR-205-5p modulates human

endometrial cancer by targeting PTEN. Am J Transl Res, 2015, 7(11): 2433-2441.
（通讯作者）

6. Ding JX, Chen XJ, Zhang XY, Zhang Y, Hua KQ. Acellular porcine small intestinal submucosa graft for cervicovaginal reconstruction in eight patients with malformation of the uterine cervix. Hum Reprod, 2014, 29(4): 677-682.（通讯作者）

7. Qiu JJ, Lin YY, Ye LC, Ding JX, Feng WW, Jin HY, Zhang Y, Li Q, Hua KQ. Overexpression of long non-coding RNA HOTAIR predicts poor patient prognosis and promotes tumor metastasis in epithelial ovarian cancer. Gynecol Oncol, 2014, 134(1): 121-128.（通讯作者）

8. Qiu J, Ye L, Ding J, Feng W, Zhang Y, Lv T, Wang J, Hua K. Effects of oestrogen on long noncoding RNA expression in oestrogen receptor alpha-positive ovarian cancer cells. J Steroid Biochem Mol Biol, 2014, 141: 60-70.（通讯作者）

9. Qiu JJ, Ye LC, Ding JX, Feng WW, Jin HY, Zhang Y, Li Q, Hua KQ. Expression and clinical significance of estrogen-regulated long non-coding RNAs in estrogen receptor α-positive ovarian cancer progression. Oncol Rep, 2014, 31(4): 1613-22.（通讯作者）

10. Lyu T, Jia N, Wang J, Yan X, Yu Y, Lu Z, Bast RC Jr, Hua K, Feng W. Expression and epigenetic regulation of angiogenesis-related factors during dormancy and recurrent growth of ovarian carcinoma. Epigenetics, 2013, 8(12): 1330-1346.（通讯作者）

11. 华克勤、丰有吉 . 实用妇产科学 . 第 3 版 . 北京：人民卫生出版社，2013.

● **重要科技奖项**

1. 2016. 第七届全国优秀科技工作者 .
2. 2015. 五洲女子科技奖临床医学科研创新奖 .
3. 2015. 上海市女医师科技奖 .

● **学术成就概览**

　　华克勤教授从事妇科临床及科研工作 20 余年，在临床工作中善于发现问题，以基础医学为支撑进行科学研究，在科研上积极创新，并进行成果转化。近年来，先后以课题负责人身份承担国家自然基金、国家"十一五"重大项目子项目课题以及上海市自然科学基金等 20 余项。以第一作者、通讯作者发表论文 100 余篇，其中发表 SCI 论文 42 篇，单篇最高影响因子 5.008 分，单篇最高他引 27 次。获得国家发明、实用新型专利 3 项。主编、参编专著 14 部。现担任国家自然基金同行评审、国家科学技术奖励评审、卫生部科研项目评审等项目评审专家，《中华妇产科杂志》《中华医学杂志》等杂志编委，*Journal of Experimental &Clinical Cancer Research* 等国际杂志审稿专家。

　　自 2013 年获得上海市领军人才以来，华克勤将当下基础研究的热点——长链非编码 RNA（lncRNA）融入卵巢癌的研究，通过芯片筛查及实验验证，原创性地鉴定了一系列雌激素诱导的新长链非编码 RNA，以

此为基础，先后获得国家自然科学基金面上项目 2 项（项目号：81370689，项目执行时间：2014.01—2017.12；项目号：81571404，项目执行时间：2016.01—2019.12）、上海市科委自然基金等课题资助 4 项，完成 SCI 论文 16 篇。该课题发现 ElncRNA1 在卵巢癌转移中发挥着重要作用，在理论上从 lncRNA 角度丰富了卵巢癌的转移机制，具有重要的学术价值；首次发现 ElncRNA1 是一种全新的预测卵巢癌预后及复发的生物标志物，具有重要的临床应用价值；并提出 ElncRNA1 是卵巢癌治疗的潜在靶点，为卵巢癌患者带来福音。相关结果已发表在国际期刊 *J Steroid Biochem Mol Biol* 及 *Oncol Rep* 上，并得到国际同行评审的认可，参与国际大会发言 3 次，具有重要的科学价值。

　　同时，在临床工作中开展了以"保留女性生殖内分泌及器官功能的妇科微创精准整复治疗"的研究。在妇科肿瘤方面，成功完成了国际首例孕18.6 周腹腔镜官颈癌盆腔淋巴结清扫＋保留子官的官颈广泛切除术，为妇癌患者切除病灶，继续妊娠，实现生育愿望进行了创新性开拓。利用机器人、3D 腹腔镜开展各类高难度官颈癌根治术。实施子官内膜癌病灶切除联合激素治疗，对有生育要求子官内膜癌前病变伴胰岛素抵抗糖代谢紊乱患者实施孕激素及胰岛素受体增敏剂治疗。上述创新术式均在保证治疗效果的前提下，最大程度为妇癌患者保留了器官、保留了生殖内分泌功能以及保留了生育功能，亦在手术及实践的基础上建立了保留生育及内分泌功能的妇科肿瘤诊疗常规。在整复术式方面，华克勤教授成功实施了具有国际先进水平的生物网片或自体皮肤官颈成型手术和代阴道手术，使得先天性无官颈、无阴道者保存了生殖器官，实现了生育梦想，并采用前瞻性、多层次研究方法开展多中心研究，使其成果与临床应用相互转化，获得上海市科委重点项目等课题资助 4 项，完成 SCI 论文 13 篇。

许建荣

专业

影像医学与核医学

专业技术职称

教授，主任医师

工作单位与职务

上海交通大学医学院
附属仁济医院

• 主要学习经历

| 1978 | −1983 | • 上海医科大学　学士 |
| 1986 | −1990 | • 上海医科大学　硕士、博士 |

• 主要工作经历

1983　−1986　　• 上海岳阳医院　住院医师

1986　−1990　　• 上海医科大学附属华山医院　研究生

1992　−1999　　• 上海第六人民医院放射科　主治医师、副主任医师、主任医师

2000.06−　　　• 上海交通大学医学院附属仁济医院放射科　主任医师、教授、科主任、支部书记

• 重要学术兼职

2010.10−　　　• 中华医学会放射学会磁共振组　副组长

2011.10−　　　• 中国医学会放射学分会　委员

2014.05−　　　• 中国医师协会放射医师分会　委员

2014.06−　　　• 上海市医师协会放射分会　副会长

2014.06−　　　• 中国医学影像技术研究会放射学分会　委员

• 代表性论文，著作

1. Usefulness of Dual-Energy Computed Tomography Imaging in the Differential Diagnosis of Sellar Meningiomas and Pituitary Adenomas: Preliminary Report. PLoS One, 2014, 9(3).

2. Can diffusion-weighted magnetic resonance imaging (DW-MRI) alone be used as a reliable sequence for the preoperative detection and characterisation of hepatic metastases? A meta-analysis. European Journal of Cancer, 2013, 49(3): 572-584.

3. Predictive value of T2-weighted imaging and contrast-enhanced MR imaging in assessing myometrial invasion in endometrial cancer: a pooled analysis of prospective studies. European Radiology, 2013, 23(2): 435-449.

4. Recombinant high-density lipoprotein nanoparticles containing gadolinium-labeled cholesterol for morphologic and functional magnetic resonance imaging of the liver. International Journal of Nanomedicine, 2012, 7: 3751-3768.

5. Can diffusion-weighted MR imaging and contrast-enhanced MR imaging precisely evaluate and predict pathological response to neoadjuvant chemotherapy in patients with breast cancer? Breast Cancer Research and Treatment, 2012135(1): 17-28.

6. Pulmonary Embolism Detection and Characterization Through Quantitative Iodine-Based Material Decomposition Images With Spectral Computed Tomography Imaging. Investigative Radiology, 2012, 47(1): 85-91.

7. Differentiation of neoplastic from bland macroscopic portal vein thrombi using dual-energy spectral CT imaging: a pilot study. European Radiology, 2012, 22(10): 2178-2185.

8. Nebulized liposomal gadobenate dimeglumine contrast formulation for magnetic resonance imaging of larynx and trachea. Int J Nanomedicine, 2011, 6: 3383-3391.

9. High-resolution magnetic resonance angiography of digital arteries in SSc patients on 3 Tesla: preliminary study. Rheumatology, 2011, 50(9): 1712-1719.

10. Lhermittee-Duclos disease. Journal of Neurology Neurosurgery and Psychiatry, 2010, 81(3): 255-256.

● 重要科技奖项

1. 活体肝移植影像学和图形处理技术的开发和应用. 2010. 上海市科学技术进步二等奖. 第1完成人.
2. 精准肝段手术影像学评估和计算机辅助诊断技术的开发应用. 2012. 中华医学科技二等奖. 第1完成人.
3. 活体肝移植影像学和图形处理技术的开发和应用. 2009. 上海医学科技三等奖. 第1完成人.
4. 淋巴管/结磁共振成像新技术及分子影像学开发与应用. 2013. 上海医学科技三等奖. 第1完成人.
5. CT能谱成像相关技术的临床应用. 2012. 上海医学科技三等奖. 第4完成人.

● 学术成就概览

多年来许建荣教授致力于医学影像学。近5年来，放射科共发表SCI论文80篇，影响因子累计267，科研成果分别获得了中华医学科技二等奖1项、上海科技进步二等奖1项、上海医学科技三等奖4项。承担国家自然基金项目3项，以及其他各类课题共计40余项，作为主编出版了5本学术专著，获得授权专利8项。

作为学科的带头人，在其带领下的上海交通大学医学院附属仁济医院放射科是成为国家卫生和计划生育委员会临床重点专科、上海市教委重点学科、上海交通大学医学院重点学科，同时也是上海住院医师规范化培养基地和专科医师培训基地。2009年获评上海市优秀学科带头人、2013年其个人被评为上海领军人才。

在近10年中取得了巨大的发展，不但巩固了消化影像、风湿影像等传统专业特色，更通过与临床强势科室密切合作开拓了包括脑血管下级血管3D血管壁成像、腹腔脏器弥散成像、淋巴系统MRI、泌尿道MRI、肝胆CT和MRI虚拟术前评估、双能量CT能谱成像等成像技术及其下属诸多特色检查和研究。"十一五"期间年完成了以亚学科为导向的专业分组转型，形成了中枢神经和头颈部系统、胸部、腹部、肌肉骨骼、介入等若干个亚专业。科室与上海交通大学、北京大学、清华大学、华盛顿大学、底特律大学、南加州大学等国内外院校有长期合作。

目前在专业的疾病诊断方面，除了开展全身各个脏器的影像检查以外，科室还有多项特色技术，其中许多技术在国内甚至国际上处于领先地位。比较有代表性的有：较CT泌尿系成像更敏感的早期膀胱癌磁共振成像技术，可判断膀胱癌浸润膀胱壁的深度，也可用于膀胱癌电切后疗效的判断；肺结节的小视野放大成像技术，将小结节中细微的影像特征放大数倍以更利于观察和判断良恶性；乳腺肿瘤多参数核磁共振定性定量评估，帮助判断乳腺肿瘤良恶性；早期前列腺癌的多参数功能成像，帮助分辨似是而非的前列腺早期肿瘤；双能量能谱CT利用尿酸特有的X线衰减规律显示尿酸结晶以帮助诊断痛风；使用较低的CT辐射剂量帮助筛查结肠息肉和结肠癌的虚拟结肠镜检查技术。在疾病的疗效评估方面，比较有特色的医疗技术包括：显示全身淋巴结受累情况的背景抑制DWI-BS淋巴瘤治疗前后疗效评估；通过联合CT和MR对心肌缺血治疗后心肌灌注改善情况的定量测定以及其与冠状动脉病变的关系；活体肝脏移植和部分肝脏切除手术后残肝体积推算测量技术；肝癌经动脉灌注栓塞化疗或射频消融治疗后疗效评估和肿瘤残存度分析等。

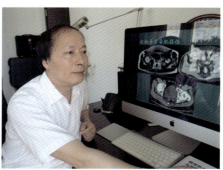

孙 皎

专业

口腔医学

专业技术职称

研究员（二级教授）

工作单位与职务

上海交通大学医学院附属第九人民医院

上海生物材料研究测试中心主任

• 主要学习经历

1978.02−1982.12 • 上海第二医科大学口腔医学院口腔医学专业　学士
1983.02−1985.12 • 上海第二医科大学附属第九人民医院口腔基础医学（口腔材料）　硕士
2002.09−2004.07 • 上海第二医科大学附属第九人民医院口腔基础医学（生物材料）　博士

• 主要工作经历

1986.01− 至今　• 上海交通大学医学院附属第九人民医院　中心主任／教研室主任
1993.09−1996.08 • 日本东京医科齿科大学　研修
2001.03−2001.10 • 美国休斯顿 Baylor 医学院　博后

• 重要学术兼职

2008.04− 至今　• 中国生物医学工程学会生物材料分会　副主任委员
2015− 至今　• 中国生物材料学会生物学评价分会　副主任委员
2012.01− 至今　• 上海市口腔医学会口腔材料专业委员会　主任委员
2002.12− 至今　• 上海市生物医学工程学会生物材料专业委员会　主任委员
2013.01− 至今　•《口腔材料器械杂志》　主编
2013.03− 至今　• 上海市口腔医学研究所　副所长
2007.10− 至今　• 国际牙医师学院（ICD）　院士

• 代表性论文，著作

1. Sui B, Zhong G, Sun J*. Evolution of mesoporous bioactive glass scaffold implanted in rat femur based on 45Ca labelling, tracing and histological analysis. Acs Applied Materials & Enterfaces, 2014, 6(5): 3528-3535. (IF: 7.145)
2. Liu C, Sun J*. Potential application of hydrolyzed fish collagen for inducing the multi-directional differentiation of rat bone marrow mesenchymal stem cells. Biomacromolecules, 2014, 15(1): 436-443. (IF: 5.583)
3. Zhang X, Wu C, Chang J and Sun J*. Stimulation of osteogenic protein expression for rat bone marrow stromal cells involved in the ERK signalling pathway by the ions released from Ca7Si2P2O16 bioceramics. Journal of Materials Chemistry B, 2014, 2(7): 885-891. (IF: 4.872)
4. Chen Wang. Kaili Lin, Jiang Chang, Jiao Sun*. Osteogenesis and angiogenesis induced by porous β- CaSiO3/PDLGA composite scaffold via activation of AMPK / ERK1/2 and PI3K/ Akt pathways. Biomaterials, 2013, 34(1): 64-77. (IF: 8.387)
5. Liu X, Xue Y, Ding T, Sun J*. Enhancement of proinflammatory and procoagulant responses to silica particles by monocyte-endothelial cell interactions. Particle and Fibre Toxicology, 2012, 18;9(1): 36-65. (IF: 8.649)
6. Chen Wang, Yang Xue, Kaili Lin, Jianxi Lu, Jiang Chang, Jiao Sun*. The enhancement of bone regeneration by the combination of osteoconductivity and osteostimulation using β-CaSiO3/β-Ca3 (PO4)2 composite bioceramics. Acta biomater, 2012, 8(1): 350-360. (IF: 6.008)
7. Wu J, Wang C, Sun J*, Xue Y. Neurotoxicity of Silica Nanoparticles: Brain Localization and Dopaminergic Neurons Damage

Path ways. ACS Nano, 2011, J5(6): 4476-4489. (IF: 13.334)

8. Liu X, Sun J*. Endothelial cells dysfunction induced by silica nanoparticles through oxidative stress via JNK/P53 and NF-kB pathway. Biomaterials, 2010, 31(32): 8198-8209. (IF: 8.387)

9. 主编. 口腔生物材料学. 北京：人民卫生出版社，2011.

10. 第一起草人. 多孔生物陶瓷体内降解和成骨性能评价试验方法. 2009.

重要科技奖项

1. 生物降解类材料的生物降解性和安全性评价技术的建立. 2010. 上海市科技进步二等奖. 第 1 完成人.

2. 生物降解类材料的生物降解性和安全性评价体系. 2010. 上海市医学科技进步三等奖. 第 1 完成人.

学术成就概览

孙皎教授长期致力于医用材料的生物相容性研究与评价、标准创建与应用、成果转化与服务，先后主持 8 项国家级科研项目、11 项省部级项目，并作为子课题负责人又分别承担了国家"863"计划、"十二五"国家支撑和国家自然基金重大项目。以第一（通讯）作者发表论著 100 余篇，被 SCI 收录 43 篇，EI 收录 20 篇，单篇 IF：13.334。主编或副主编 5 部教材和专著，起草 4 部国家和行业标准（均已颁布和实施），授权 8 项国家发明专利，荣获上海市科技进步二等奖（第 1 完成人）和医学科技进步三等奖（第 1 完成人），至今培养博士生 12 名，有 2 位成为上海市优秀博士论文获得者。她曾几十次被邀在国内外重要学术大会上作主题发言。她积极而富有成效地将研究创建的新技术直接服务于生物医药卫生行业，2011 年主持搭建了上海市生物医用材料测试专业技术服务平台，为医疗器械和生物材料临床应用的安全性作出了重要贡献。鉴于孙皎教授的学术造诣和成就，她分别在全国和上海市的一级学会中担任副主任委员和主任委员，并成为全国性专业学术核心期刊《口腔材料器械杂志》的主编。她的主要创新性科研成果包括：

（1）创建了一种 125I 直接标记和同位素示踪技术，首次阐明聚乙交酯-丙交酯体内降解速率是体外的 1.33 倍，为生物降解材料的体内降解性能评估提供重要的科学依据。

（2）围绕纳米颗粒的应用风险这一关键科学问题：①率先发现 SiO_2 等纳米颗粒可经嗅球易位滞留于脑组织，引起纹状体损伤，导致神经毒性；②创建了 4 种同位素标记技术，解决了 SiO_2 等无机纳米颗粒体内安全性评价的瓶颈问题；③首次报道了作为药物载体的 SiO_2 等纳米颗粒对单核-内皮系统的负面效应及其机制，提示其具有诱发血栓形成的潜在风险；④率先发现 SiO_2-NPs 可以通过激活肝脏中的 Kupffer 细胞介导肝损伤以及肝代谢功能紊乱。

（3）针对介入类器械和人造血管应用后出现血栓形成的难题，阐明聚氨酯等材料诱发血栓形成的途径及其分子机制，建立了多种灵敏、有效的评价材料血液相容性的分子生物学新技术。

（4）创建了生物活性或生物降解类陶瓷材料体内降解率和新骨生成能力的定量评判技术，起草了医药行业标准，为骨修复材料体内成骨与降解的匹配性评价提供有效手段。

获得领军人才以来，孙皎教授继续在她从事的科学研究和成果转化服务中再创辉煌。她又新获国家自然基金、上海市科学技术委员会科技创新行动计划生物医药领域科技支撑以及研发平台项目各 1 项，在国际期刊上发表 3 篇较高影响因子的文章（IF＞5），主持起草 1 份行业标准。新增 1 名上海市优秀博士论文获得者。获得 2 项国家发明专利。主编 1 部全国研究生规划，主持的对外服务技术平台获得科委评估"优秀"成绩。

沈周俊

专业
外科学

专业技术职称
教授，主任医师

工作单位与职务
复旦大学 附属华山医院院长助理、东院副院长、 泌尿外科主任

● 主要学习经历

1981.09－1986.07 · 浙江医科大学临床医学专业　学士
1989.09－1992.07 · 浙江医科大学外科学　硕士
1996.09－1999.07 · 浙江大学医学院外科学　博士
1997.03－1997.10 · 德国基尔大学附属医院泌尿外科　访问学者
2003.01－2003.02 · 美国迈阿密大学附属医院泌尿外科　将才工程
2005.01－2005.02 · 美国哈佛大学、康乃尔大学、UCLA、西佛吉尼亚大学、医学院联会　医院管理进修
2009.04－2009.05 · 美国 Johns Hopkins 大学附属医院泌尿外科　进修
2012.12－2013.01 · 美国 Cleveland 泌尿外科医学中心　进修

● 主要工作经历

1986.08－1996.07 · 浙江医科大学附属第一医院泌尿外科　住院医师、主治医师
1996.08－2000.11 · 浙江大学医学院附属第一医院泌尿外科　副主任医师、副教授、硕士生导师
2000.12－2005.09 · 浙江大学医学院附属第一医院泌尿外科　主任医师、教授、博士生导师
2002.03－2005.09 · 浙江大学医学院　医学院院长助理、外科教研室副主任、泌尿外科教授委员会主任、学科学位点负责人
2003.01－2005.09 · 浙江大学医学院附属第一医院泌尿外科　九级教授（最高级）
2004.12－ 至今 · 浙江省委组织部、人事厅、科技厅、教育厅、财政厅、省计委、省经贸委、省科协浙江省"新世纪 151 人才工程"第一层次培养人员
2005.10－2015.12 · 上海交通大学医学院附属瑞金医院泌尿外科　科主任、教研室主任、主任医师、教授、博士生导师
2012.07－2015.12 · 上海交通大学医学院附属瑞金医院泌尿外科　教授（二级岗位）
2012.10－2015.12 · 上海交通大学医学院附属瑞金医院北院泌尿外科　科主任（兼）
2016.01－ 至今 · 复旦大学附属华山医院泌尿外科　科主任、主任医师、教授、博导、复旦大学泌尿外科研究所常务副所长

● 重要学术兼职

2013.12－ 至今 · 上海市医学会泌尿外科专业委员会　候任主任委员、微创学组组长
2010.10－ 至今 · 中华医学会泌尿外科学会　委员（2015 起）、肿瘤学组、微创学组委员、工作秘书
2013.04－ 至今 · 中国性学会　性医学专业委员会常委、男科学组副组长
2015.12－ 至今 · 中国医师协会住院医师规范化培训外科（泌尿外科方向）专业委员会　副主任委员
2015.11－ 至今 · 中国医师协会泌尿外科医师分会　常务委员

代表性论文，著作

1. 主编. 泌尿外科病症. 上海：上海科技教育出版社，2012.
2. 主编. 现代肾上腺外科治疗学. 上海：上海交通大学出版社，2015.
3. 副主编. 机器人泌尿外科手术学. 北京：人民卫生出版社，2015.
4. Xia L, Zhang X, Wang X, Xu T, Qin L, Zhang X, Zhong S, Shen Z. Transperitoneal versus retroperitoneal robot-assisted partial nephrectomy: A systematic review and meta-analysis. Int J Surg, 2016, 30:109-115.
5. Xu T, Qin L, Zhu Z, Wang X, Liu Y, Fan Y, Zhong S, Wang X, Zhang X, Xia L, Zhang X, Xu C, Shen Z (corresponding author). MicroRNA-31 functions as a tumor suppressor and increases sensitivity to mitomycin-C in urothelial bladder cancer by targeting integrin α5. Oncotarget, 2016, (19):27445-27457.
6. Qin L, Xu T, Xia L, Wang X, Zhang X, Zhang X, Zhu Z, Zhong S, Wang C, Shen Z (corresponding author). Chloroquine enhances the efficacy of cisplatin by suppressing autophagy in human adrenocortical carcinoma treatment. Drug Des Devel Ther, 2016, 7(10):1035-1045.
7. Xia L, Wang X, Xu T, Zhang X, Zhu Z, Qin L, Zhang X, Fang C, Zhang M, Zhong S, Shen Z (corresponding author). Robotic versus open radical cystectomy: an updated systematic review and meta-analysis. PLoS One, 2015, 10(3): e0121032.
8. Xu T, Wang X, Xia L, Zhang X, Qin L, Zhong S, Shen Z (corresponding author). Robot-assisted prostatectomy in obese patients: how influential is obesity on operative outcomes? J Endourol, 2015, 29(2):198-208.
9. Zhu Z, Xu T, Wang L, Wang X, Zhong S, Xu C, Shen Z (corresponding author). MicroRNA-145 directly targets the insulin-like growth factor receptor I in human bladder cancer cells. FEBS Lett, 2014, 588:3180-5.
10. Zhao J, Sun F, Jing X, Zhou W, Huang X, Wang H, Zhu Y, Yuan F, Shen Z (corresponding author). The diagnosis and treatment of primary adrenal lipomatous tumours in Chinese patients: A 31-year follow-up study. Can Urol Assoc J, 2014, e132-136.

重要科技奖项

1. 2014. 教育部科技进步一等奖. 第1完成人.
2. 2014. 上海市科技进步二等奖. 第1完成人.
3. 2011. 教育部科技进步一等奖. 第1完成人.
4. 2008. 上海市科技进步三等奖. 第1完成人.
5. 1999. 浙江省人民政府科技进步优秀奖. 第1完成人.
6. 1997. 浙江省人民政府科技进步二等奖. 第2完成人.

学术成就概览

沈周俊教授长期从事泌尿外科基础与临床研究，在膀胱癌尿液肿瘤标志物发现、试纸化、化疗耐受及浸润转移机理、创新原位新膀胱建立、肾上腺疾病手术安全指标及预后判断、微创腹腔镜（包括机器人手术）

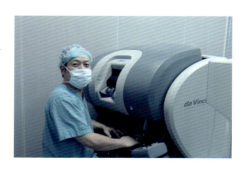

标准技术确立，勃起机制探索等方面有创新成果。主持国家自然科学基金6项、省部级课题28项；发表论文400余篇，其中SCI收录72篇、被引417次。获得专利11项。主编、副主编、参编书籍10余部。

膀胱癌方面，国际上首先提出尿液纤维连接蛋白FN对膀胱癌诊断、术后监测有重要价值，发明膀胱癌尿液FN诊断试纸；发现FN等细胞外基质糖蛋白在膀胱癌浸润转移中的重要作用；首先提出纤维蛋白溶解抑制剂联合卡介苗灌注治疗膀胱癌，被国际同行誉为膀胱癌卡介苗治疗的重要突破之一；发现尿液FN能降低膀胱癌化疗敏感性，揭示了膀胱癌化疗抵抗相关机制和信号网络；首先建立原位双U回肠新膀胱的尿流改道方法，率先开展机器人全膀胱切除+原位双U回肠新膀胱手术；提出肌层浸润性膀胱癌保留膀胱的综合治疗策略。经郭应禄院士为首的卫生部专家组鉴定，达到国际领先水平；部分内容编入2014版《中国泌尿外科疾病诊疗指南：膀胱癌指南》。在国际著名分子生物学杂志 *FEBS Letters*、*Oncotarget* 发表了表观遗传分子miR-145调节膀胱癌化疗敏感性机制。2014年荣获教育部科技进步一等奖（第1完成人）。

肾上腺疾病方面，国际上首次提出肾上腺小肿瘤的概念，制定了腹腔镜下标准治疗方案，被编入教科书《Smith 腔内泌尿外科学》；率先制定一系列肾上腺疾病标准化围手术期处理方案，明确肾上腺腹腔镜手术中转开放的危险因素；提出原发性醛固酮增多症的预后因子，建立了嗜铬细胞瘤良恶性判定的预测因素；率先开展机器人辅助压迫腔静脉大血管巨大嗜铬细胞瘤切除术，肿瘤体积之大（直径11 cm）国际未见报道，机器人肾上腺手术总量亦国际领先（220余例）。作为国内施行机器人手术量最多的专家之一（2016年10月达880余例），完成了内生型肾癌肾部分切除、不阻断肾动脉肾部分切除、高龄高危二次手术的前列腺癌根治性切除、复杂铸型肾结石手术等高难度机器人手术，受邀在美国和世界机器人外科大会等展示。2011年荣获教育部科技进步一等奖（第1完成人），副主编2011版《中国泌尿外科疾病诊疗指南：肾上腺疾病指南》。

勃起机制方面，国际上首先提出勃起神经递质血管活性肠肽（VIP）雄激素非依赖性表达理论，率先将VIP转基因技术用于糖尿病性勃起功能障碍的治疗；发现雄激素对勃起神经递质降钙素基因相关肽的正调控作用；率先研究了雄激素浓度、年龄和糖尿病对阴茎海绵体超微结构的影响，首次提出海绵体代谢的自噬凋亡平衡学说。

林 羿

专业

妇产科学

专业技术职称

研究员

工作单位与职务

上海交通大学医学院
附属国际和平妇幼保健院副院长
（科研、教学）

主要学习经历

1983.09－1989.07 · 第四军医大学医疗系　医学学士
1992.09－1995.07 · 第四军医大学妇产科学专业　医学硕士
1999.09－2002.07 · 暨南大学妇产科学专业　医学博士

主要工作经历

1989.07－1992.09 · 兰州军区乌鲁木齐总医院妇产科　医生
1995.07－1999.09 · 兰州军区乌鲁木齐总医院妇产科　医生
2002.08－2004.08 · 中山大学基础医学博士后流动站　博士后
2004.08－2009.02 · 暨南大学组织移植与免疫教育部重点实验室　助研、副研究员、硕导、研究员、博导
2009.02－2013.02 · 上海交通大学医学院附属仁济医院　研究员、博导
2013.02－ 至今 · 现单位　研究员、博导、科教副院长

重要学术兼职

2012.01－　　　· *American Journal of Reproductive Immunology*　编委
2012.01－　　　· *Journal of Reproductive Immunology*　编委
2014.03－　　　· 上海免疫学会生殖免疫专业委员会　副主任委员

代表性论文，著作

1. Lin Y, Liu X, Shan B, Wu J, Sharma S, Sun Y. Prevention of CpG-induced pregnancy disruption by adoptive transfer of in vitro-induced regulatory T cells. PLoS One, 2014, 9 (4): e94702. (IF: 4.092)
2. Wen S-Y, Lin Y, Yu Y-Q, Cao S-J, Zhang R, Yang X-M, Li J, Zhang Y-L, Wang Y-H, Ma M-Z, Sun W-W, Lou X-L, Wang J-H, Teng Y-C, Zhang Z-G. miR-506 acts as a tumor suppressor by directly targeting the hedgehog pathway transcription factor Gli3 in human cervical cancer. Oncogene, 2015, 34(6): 717-725. (共同第一作者 , IF: 6.373)
3. Sun Y, Qin X, Shan B, Wang W, Zhu Q, Sharma S, Wu J, Lin Y*. Differential effects of the CpG-TLR9 axis on pregnancy outcome in nonobese diabetic mice and wild-type controls. Fertil Steril, 2013, 99 (6): 1759-1767. (IF: 3.564)
4. Li LP, Fang YC, Dong GF, Lin Y*, Saito S*. Depletion of invariant NKT cells reduces inflammation-induced preterm delivery in mice. J Immunol, 2012, 188 (9): 4681-4689. (IF: 5.788)
5. Lin Y*, Li C, Shan B, Wang W, Saito S, Xu J, Di J, Zhong Y, Li D-J. Reduced stathmin-1 expression in natural killer cells associated with spontaneous abortion. Am J Pathol, 2011, 178 (2): 506-514. (IF: 5.224)
6. Lin Y*, Zhong Y, Saito S, Chen Y, Shen W, Di J, Zeng S. Characterization of natural killer cells in nonobese diabetic/severely compromised immunodeficient mice during pregnancy. Fertil Steril, 2009, 91 (6): 2676-2686. (IF: 3.970)
7. Lin Y, Xu L, Jin H, Zhong Y, Di J, Lin Q*. CXCL12 enhances exogenous CD4+CD25+ T cell migration and prevents embryo loss in NOD mice. Fertil Steril, 2009, 91 (6): 2687-2696. (IF: 3.970)
8. Lin Y*, Zhong Y, Shen W, Chen Y, Shi J, Di J, Zeng S, Saito S*. TSLP-induced placental DC activation and IL-10+ NK cell

expansion: Comparative study based on BALB/c×C57BL/6 and NOD/SCID×C57BL/6 pregnant models. Clin Immunol, 2008, 126 (1): 104-117. (IF: 3.606)

9. Lin Y*, Liang Z, Chen Y, Zeng Y. TLR3-involved modulation of pregnancy tolerance in double-stranded RNA-stimulated NOD/SCID mice. J Immunol, 2006, 176 (7): 4147-4154. (IF: 6.293)

10. Lin Y*, Zeng Y, Zeng S, Wang T. Potential role of toll-like receptor 3 in a murine model of polyinosinic-polycytidylic acid-induced embryo resorption. Fertil Steril, 2006, 85: 1125-1129. (IF: 3.277)

● 重要科技奖项

1. 免疫型复发性流产的发病机制及诊治. 2008. 国家科技进步二等奖. 第2完成人.

2. 免疫型复发性流产发病机制、诊断和治疗研究. 2011. 国家卫生和计划生育委员会"十一五"人口和计划生育优秀科技成果一等奖. 第2完成人.

● 学术成就概览

林羿研究员从事生殖免疫学基础科研工作和所在医院的科研和教学管理工作。在基础科研方面，专注于 Toll 样受体（TLR）和丝裂原激活型蛋白激酶（MAPK）等多途径细胞信息传递与妊娠免疫耐受机理，以及流产、早产等妊娠相关疾病发病机制的研究。主要学术发现：首次发现了几种子宫 NK 细胞亚群的独特功能；阐述了 NK 细胞在趋化因子调节下的迁移规律；发现了几条对妊娠母－胎耐受有关键性调节作用的 TLR 和 MAPK 信息转导途径。由于在妊娠相关疾病发病机制研究、优化筛查流程、改进诊疗方法和在全国推广应用等方面的贡献，获得国家科技进步二等奖、国家卫生和计划生育委员会"十一五"人口和计划生育优秀科技成果一等奖（见重要科技奖项）。2011年获得国家杰出青年科学基金资助。获得上海领军人才以来，积极促进所在医院专职科研人才队伍建设并初见成效。配合各级领导成功引进"973"首席科学家、国家科技进步二等奖获得者黄荷凤教授、"973"首席科学家、国家杰出青年科学基金获得者孙斐教授等高端人才来上海，来医院工作，并

引进一批中青年科研骨干，初步建成一支高水平的专职基础和临床医学科研队伍。在全院职工共同努力下，促成所在医院 2014 和 2015 年度国家自然科学基金申报获批项目数位居上海交通大学医学院附属专科医院第一名（其中上海交通大学在全国高校排名第一，交大医学院在全国医学系统排名第一）。医学院胚胎源性疾病研究所申报已经获得批准，医院科研楼正逐步投入使用，发挥科研平台作用。在基础科研方面，针对流产、早产等妊娠相关疾病发病机制的研究又有新发现，初步阐明了母-胎交界面微环境中 NK 样细胞等免疫细胞相互作用的机制，揭示转录调控因子等功能紊乱造成妊娠失败的分子基础。作为第一作者或通讯作者所发表的部分研究成果被 *Nature*、*Journal of Clinical Investigation* 等期刊刊载的论文所正面引用。

姜格宁

专业

外科学

专业技术职称

教授，主任医师

工作单位与职务

同济大学附属上海市肺科医院胸外科行政主任、科主任

同济大学医学院外科系行政副主任

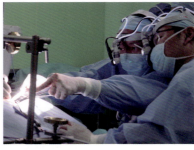

主要学习经历

1978.02–1982.12 · 上海第二医科大学医疗系 医学生　学士
1999.07–1999.12 · 美国 Washington University School of Medicine 附属 Barnes-Jewish 医院胸外科　进修
1999.12–2000.02 · 美国 Mayo Clinic 胸外科　进修

主要工作经历

1982.12–1991.03 · 上海市肺科医院胸外科　住院医师
1991.03–1996.12 · 上海市肺科医院胸外科　主治医师
1996.12–2001.04 · 上海市肺科医院胸外科　副主任医师
2001.04–2015.10 · 上海市肺科医院胸外科　主任医师
2001.01–2015.10 · 苏州大学　硕士生导师
2003.01–2015.10 · 同济大学医学院　硕士生导师、教授
2006.01–2015.10 · 同济大学医学院　博士生导师

重要学术兼职

- 中华医学会胸心血管外科学分会　常务委员
- 中华医学会器官移植学分会　委员
- 上海市医学会胸外科分会　主任委员
- 中国医学促进会胸外科分会　副主任委员
- 《中华胸心血管外科杂志》　副总编辑
- 《中华器官移植杂志》　编委

代表性论文，著作

在国内外著名胸外科专业杂志发表相关论文 362 篇，其中以第一作者或通讯作者发表 SCI 论文 68 篇，累计影响因子超 180 分，其中包括 JTO、ATS、JTCS 等。
1. 钱火红、姜格宁 . 内镜微创技术护理学 . 北京：人民军医出版社，2003.
2. 任光国、周允中、姜格宁 . 胸外科手术并发症的预防和治疗 . 北京：人民卫生出版社，2004.
3. 李强、姜格宁 . 呼吸内镜学 . 上海：上海科学技术出版社，2003.
4. 何建行、姜格宁 . 微创胸外科手术与图谱 . 广州：广东科技出版社，2005.
5. 严志焜、姜格宁 . 心、肺及相关多器官联合移植 . 杭州：浙江科学技术出版社，2008.
6. 丁嘉安、姜格宁 . 肺移植 . 上海：上海科学技术出版社，2008.
7. 朱明德、姜格宁 . 临床医学概论 . 北京：人民卫生出版社，2009.
8. 黄平、姜格宁 . 气管和支气管外科学 . 上海：第二军医大学出版社，2008.
9. 李辉、姜格宁 . 胸外科学 . 北京：北京大学医学出版社，2010.

10. 钟南山、王辰、姜格宁.呼吸内科学.北京：人民卫生出版社，2008.
11. 中华医学会.临床诊疗指南胸外科分册.北京：人民卫生出版社，2009.
12. 中华医学会.临床技术操作规范胸外科学分册.北京：人民军医出版社，2009.
13. 丁嘉安、姜格宁、高文.肺外科学.北京：人民卫生出版社，2011.
14. 张阳德、姜格宁.内镜微创学 第2版.北京：人民卫生出版社，2011.
15. 陈实、姜格宁.移植学.中国，人民卫生出版社，2011.
16. 高级卫生专业技术资格考试指导用书编辑委员会，中华医学会.心胸外科学高级教程.北京：人民军医出版社，2012.
17. 丁嘉安、姜格宁、王海峰.胸外科疑难病症诊断决策.第2版.北京：人民卫生出版社，2012.
18. 钟南山、王辰、姜格宁.呼吸病学.北京：人民卫生出版社，2014.
19. 丁嘉安、姜格宁、王海峰.胸外科疑难病症诊断决策.第3版.北京：人民卫生出版社，2016.

重要科技奖项

1. 肺癌微创诊治关键技术的建立及应用研究.2014.中华医学科技一等奖.第3完成人.
2. 终末期肺病的外科治疗.2013.中华医学科技二等奖.第1完成人.
3. 疑难气管隆凸疾病的临床与基础研究.2015.上海市科学技术二等奖.第1完成人.
4. 弥漫性肺疾病诊断和治疗新技术及临床应用.2013.上海市科学技术三等奖.第3完成人.
5. 电视胸腔镜手术治疗在肺外科应用.2012.上海医学科技二等奖.第1完成人.
6. 临床肺移植研究.2005.上海市科技成果二等奖.第1完成人.
7. 肺容积减少术治疗慢性阻塞性肺气肿.1998.上海市临床科技成果二等奖.第1完成人.

学术成就概览

在姜格宁教授的带领下，上海市肺科医院胸外科已发展成为著名的胸外科诊疗中心。作为国家临床重点专科、上海市医学重点学科，科室开展肺癌、肺部良性肿瘤、纵隔肿瘤、终末期肺病、气管疾病、难治性脓胸、胸部结核病等各类手术。2015年年手术量8 300余例位居国内首位。近5年来科室手术量呈跨域式发展，胸腔镜手术量多年来稳居国内第一。作为国内首批开展全胸腔镜手术且完成例数最多的医疗机构，科室多次在国内及国际会议宣传及演示，起草并制定了国内多项胸腔操作规范，规范且推广了胸腔镜手术操作，获得中华医学科技一等奖及上海市医学科技二等奖。作为国内唯一可以开展所有肺移植术式的单位，科室目前保

持5年生存率以及手术成功率国内首位，并开创性地完成亚洲首例肺再移植术、国内首例活体肺叶移植术及国内首例肺移植同期联合双侧肺减容手术，获中华医学科技二等奖。作为国内气管外科手术例数及创新技术最多单位，科室完成了世界首例自体带蒂胸大肌肌皮瓣移植和气管节段切除治疗长节段气管肿瘤、国内首例自体支气管瓣修补气管成形术等，全球首创及改进了多项气管新型隆突重建手术，科室目前在组织工程气管及气管移植等研究方面均获得突破性进展，获上海市医学科技二等奖。作为全球范围内成功治疗难治性脓胸及支气管胸膜瘘例数最多的机构，国内首创带蒂肌皮瓣移植治疗难治性脓胸及支气管胸膜瘘，国内首创支气管瘘封堵支架及改良双碟型封堵器，并成功应用于临床，为切除术后支气管胸膜瘘的治疗提供了一种新的简单、安全的治疗方式。此外，作为国内率先开展EBUS及电磁导航支气管镜，且是完成例数最多的单位，科室努力实现术前准确诊断与准确分期，为实现胸部肿瘤患者的个体化精准治疗提供可靠的临床依据。

在姜教授的大力支持与推动下，作为国内顶尖的优秀专科，科室多次组织国内高水平学术会议，承办大型学习班、建立临床教育培训基地，共计培训国内学员3 000余人次，获得了很好的业内评价。近几年，科室在AATS、STS、ESTS大会上均有发言，并受邀派遣科室骨干到欧美各国讲学及手术演示。科室筹建了大中华胸腔镜发展及推动委员会（GCTAB）上海市肺科医院培训基地、国际胸腔镜大师班，并多次举办胸腔镜学习班，为胸外科腔镜技术的推广起到了极其积极的作用。作为国内唯一通过欧洲腔镜培训机构认证的国际胸腔镜大师班，目前已招收来自英欧美20余个国家的100余名国外医师前来接受培训及长期进修。科室应邀在欧美会议上实况转播各项手术，为中国胸腔镜技术向国际推广提供了极好的先例。

在科研领域，姜教授及他的团队在各类期刊上发表了众多锐意创新、详实严谨的文章，高标准完成了上海市以及国家授予的各重大课题及攻关项目，为胸外科的发展做出重要的贡献。在姜教授的带领下，近5年来科室总计获得市科委及局级以上课题总数81项，获资助经费合计2 759.1万元，人均课题经费69.3万元。截止2014年底，科室共计发表论文411篇，其中SCI论文109篇、中华系列论文177篇。累计影响因子227.763，IF > 3的论文45篇，单篇最高IF：15.387。其中近5年国际胸外科核心期刊 *Ann Thorac Surg*、*J Thorac Cardiovasc Surg* 上共计发表论文31篇，其数量位居国内胸外科首位。近年来科室组织编撰及参编专著20余部。同时，科室多次起草或参与国家及上海市相关规范的制定。

姚志荣

专业

皮肤病与性病学

专业技术职称

主任医师

工作单位与职务

上海交通大学医学院
附属新华医院皮肤科主任

● 主要学习经历

1983.09－1987.07 • 第二军医大学南京军医学院军医专业　学员
1990.09－1993.07 • 第二军医大学研究生院皮肤病学与性病学　硕士
2000.09－2003.11 • 第二军医大学研究生院皮肤病学与性病学　博士

● 主要工作经历

1993.07－1994.07 • 第二军医大学附属长征医院皮肤科　住院医师
1994.07－1999.07 • 第二军医大学附属长征医院皮肤科　主治医师
1999.07－2003.07 • 第二军医大学附属长征医院皮肤科　副主任医师
2003.07－2005.03 • 上海交通大学医学院附属新华医院　副主任医师
2005.03－ 至今　• 上海交通大学医学院附属新华医院　主任医师

● 重要学术兼职

2015.01－ 至今　• 国际湿疹理事会　副理事
2009.09－2015.08 • 中华医学会皮肤性病学分会　委员、儿童皮肤病学组组长
2015.09－ 至今　• 上海市皮肤科学会　候任主任委员

● 代表性论文，著作

1. Guo Y, Li P, Tang J, Han X, Zou X, Xu G, Xu Z, Wei F, Liu Q, Wang M, Xiao F, Zong W, Shen C, Li J, Liu J, Luo Y, Chang J, Sheng N, Dong C, Zhang D, Dai X, Zhou J, Meng C, Niu H, Shi X, Zhang X, Xiang J, Xu H, Ran Q, Zhou Y, Li M, Zhang H, Cheng R, Gao X, Wang H, Gu H, Ma L, Yao Z. Prevalence of Atopic Dermatitis in Chinese Children aged 1-7 ys.Sci Rep, 2016, 6: 29751.（通讯作者，IF: 5.23）

2. Li H, Li C, Zhang H, Zhang L, Cheng R, Li M, Guo Y, Zhang Z, Lu Z, Zhuang Y, Yan M, Gu Y, Feng X, Liang J, Yu X, Wang H, Yao Z. Effects of lidocaine on regulatory T cells in atopic dermatitis. J Allergy Clin Immunol, 2016, 137(2): 613-617.e5.（通讯作者，IF: 12.49）

3. Feng X, Guan W, Guo Y, Yu H, Zhang X, Cheng R, Wang Z, Zhang Z, Zhang J, Li H, Zhuang Y, Zhang H, Lu Z, Li M, Yu H, Bao Y, Hu Y, Yao Z. A novel recombinant lineage's contribution to the outbreak of coxsackievirus 6-associated hand, foot and mouth disease in Shanghai, China, 2012-2013. Sci Rep, 2015, 5: 11700.（通讯作者，IF: 5.23）

4. Zhang J, Tong H, Fu X, Zhang Y, Liu J, Cheng R, Liang J, Peng J, Sun Z, Liu H, Zhang F, Lu W, Li M, Yao Z. Molecular Characterization of NF1 and Neurofibromatosis Type 1 Genotype-Phenotype Correlations in a Chinese Population. Sci Rep, 2015, 5: 11291.（通讯作者，IF: 5.23）

5. Li M, Han J, Lu Z, Li H, Zhu K, Cheng R, Jiao Q, Zhang C, Zhu C, Zhuang Y, Wang Y, Shi J, Guo Y, Wu R, Yao Z. Prevalent and Rare Mutations in IL-36RN Gene in Chinese Patients with Generalized Pustular Psoriasis and Psoriasis Vulgaris. J Invest Dermatol, 2013, 133(11): 2637-2639.（通讯作者，IF: 7.21）

6. Li M, Cheng R, Liang J, Yan H, Zhang H, Yang L, Li C, Jiao Q, Lu Z, He J, Ji J, Shen Z, Li C, Hao F, Yu H, Yao Z. Mutations in POFUT1, Encoding Protein O-fucosyltransferase 1, Cause Generalized Dowling-Degos Disease. Am J Hum Genet, 2013,

92(6): 895-903.（通讯作者，IF: 10.93）

7. Zhang H, Guo Y, Wang W, Shi M, Chen X, Yao Z. Mutations in the filaggrin gene in Han Chinese patients with atopic dermatitis. Allergy, 2011, 66(3): 420-427.（通讯作者，IF: 6.271）

8. Zhang H, Guo Y, Wang W, Yu X, Yao Z. Associations of FLG mutations between ichthyosis vulgaris and atopic dermatitis in Han Chinese. Allergy, 2011, 66(9): 1253-1254.（通讯作者，IF: 6.271）

9. Li M, Chen X, Chen R, Bao Y, Yao Z. Filaggrin gene mutations are associated with independent atopic asthma in Chinese patients. Allergy, 2011, 66(12): 1616-1617.（通讯作者，IF: 6.271）

10. Sun LD, Xiao FL, Li Y, Zhou WM, Tang HY, Tang XF, Zhang H, Schaarschmidt H, Zuo XB, Foelster-Holst R, He SM, Shi M, Liu Q, Lv YM, Chen XL, Zhu KJ, Guo YF, Hu DY, Li M, Li M, Zhang YH, Zhang X, Tang JP, Guo BR, Wang H, Liu Y, Zou XY, Zhou FS, Liu XY, Chen G, Ma L, Zhang SM, Jiang AP, Zheng XD, Gao XH, Li P, Tu CX, Yin XY, Han XP, Ren YQ, Song SP, Lu ZY, Zhang XL, Cui Y, Chang J, Gao M, Luo XY, Wang PG, Dai X, Su W, Li H, Shen CP, Liu SX, Feng XB, Yang CJ, Lin GS, Wang ZX, Huang JQ, Fan X, Wang Y, Bao YX, Yang S, Liu JJ, Franke A, Weidinger S, Yao ZR, Zhang XJ. Genome-wide association study identifies two new susceptibility loci for atopic dermatitis in the Chinese Han population. Nat Genet, 2011, 43(7): 690-694.（联合通讯作者，IF: 29.65）

● 重要科技奖项

1. 重症疑难性儿童皮肤病的遗传学基础研究与临床应用．2013．上海市科技进步二等奖．第1完成人．

● 学术成就概览

作为一名临床医生，姚志荣教授立足国内，扎根临床，潜心临床研究，致力于解决儿童皮肤病临床领域的重点与难点问题，从临床实践中发现并提出科学问题，在实验室研究中寻求答案，回答解决临床问题。主要学术成就有以下两点：

（1）建立重症疑难性遗传性皮肤病临床诊断、基因筛查、基因诊断与产前基因诊断系列化体系：开展基因诊断652例，包括大片段缺失、嵌合突变的基因诊断；确诊大量来自全国各地的儿童疑难危急重症病例，包括毛囊鱼鳞病－秃发－畏光综合征、SAM综合征等10种国内首次报告病例；成功开展6种致死、致残性遗传性皮肤病的产前基因诊断，包括高风险、高难度的时间紧迫条件下的产前基因诊断，只能发现一条等位基因突变的白化病的产前基因诊断，无论例数、病种、难度均处于国内领先水平；对于尚未发现致病基因的遗传性皮肤病，开展基因筛查研究，在国际上首次发现泛发性屈侧网状色素异常的致病基因——POFUT1基因，并对其功能进行深入系列研究；初步形成了遗传性皮肤病临床诊

断、基因筛查、基因诊断、产前基因诊断的系列化体系。

（2）针对特应性皮炎开展深入的基础与临床研究：负责完成我国首个0～7岁城市特应性皮炎现场流行病学调查；完成我国特应性皮炎最大样本的临床体征研究，发现2个具有诊断价值的高发体征；创新开展利多卡因静脉封闭治疗顽固重症特应性皮炎的疗效、安全性与机制研究，为特应性皮炎的治疗提供新的思路和理论依据。参与"全基因组关联分析筛查中国汉族人群特应性皮炎易感基因"研究。以第一作者或通信作者发表SCI期刊论文53篇，总影响因子超过200分，包括 *J Allergy Clin Immunol*（IF: 12.49）、*Am J Hum Genet*（IF: 10.93）、*Nat Genet*（IF: 29.65）（联合通讯作者）等国际重要刊物。应邀参编国外专著3本；为3本国际期刊撰写述评；应邀为国际会议特邀演讲或专题研究4次。担任国际湿疹理事会（International Eczema Council）副理事、中华医学会皮肤性病学分会儿童皮肤病学组顾问、中国医师学会皮肤科医师分会常委、上海市皮肤科学会候任主任委员、中华医学会皮肤性病学分会"特应性皮炎研究中心"首席专家等职。负责的学科入选"国家临床重点专科"建设项目，负责1项国家自然科学基金重点项目。

耿道颖

专业
影像医学与核医学
专业技术职称
教授，主任医师，博士生导师
工作单位与职务
复旦大学 附属华山医院放射科副主任，党 委副书记

• 主要学习经历

1979.09−1984.07 • 江苏省徐州医学院医疗系　学士
1992.09−1996.07 • 上海医科大学研究生院　医学博士
2004.08−2004.12 • 南加州大学 KECK School of Medicine　高级访问学者

• 主要工作经历

1984.07−1992.08 • 江苏徐州医学院附属医院　住院医师、主治医师
1996.07−1998.05 • 上海医科大学基础医学博士后流动站　博士后、副主任医师
1998.05− 至今　 • 复旦大学附属华山医院放射科　副主任、主任医师、博导

• 重要学术兼职

2007.04−2013.12 • 上海市医学会放射专业委员会　副主任委员
2010.07− 至今　 • 上海市脑卒中专业委员会　副主任委员
2014.06− 至今　 • 上海市医师协会影像医学与核医学科医师分会　会长
2010.03− 至今　 • 《中华放射学杂志》　编委
2011.05− 至今　 • 《国外医学临床放射分册》学术委员会　副主任委员

• 代表性论文，著作

1. Whole-Brain CT Perfusion and CT Angiography Assessment of Moyamoya Disease before and after Surgical Revascularization: Preliminary Study with 256-Slice CT. PLoS ONE, 2013, 8(2): e 57595-57598. (通讯作者，IF: 3.73)
2. Migration: A notable feature of cerebral sparganosis on follow-up MR imaging. AJNR, 2013, 34(2): 327-33. (通讯作者，IF: 3.46)
3. Computed tomography and magnetic resonance features of extraventricular neurocytoma: A study of eight cases. Clinical Radiology, 2013, 68(4): e206-212. (通讯作者，IF: 1.82)
4. Sensory neuronopathy involves the spinal cord and brachial plexus: a quantitative study cmploying multiple-echo data image combination (MEDIC) and turbo inversion recovery magnitude (TIRM). Neuroradiology, 2012, 55(1): 41-48. (通讯作者，IF: 3.16)
5. Correlating Apparent Diffusion Coefficients with Histopathologic Findings on Meningiomas. European J Radiology, 2012, 81(12): 4050-4056. (IF: 1.75)
6. Influence of hemodynamic factors on rupture of intracranial aneurysms: patient-specific 3D mirror aneurysms model computational fluid dynamics simulation. AJNR, 2011, 32(7): 1255-1261. (通讯作者，IF: 3.46)
7. Susceptibility-weighted imaging: are they really corrected phase images? J Magn Reson Imaging, 2010 31(5): 1282-1284. (通讯作者，IF: 2.77)
8. 主编 . 脑与脊髓肿瘤影像学 . 北京：人民卫生出版社，2004.
9. 主编 . 脊柱与脊髓影像学 . 北京：人民军医出版社，2008.

10. 主译. 颅脑与脊柱脊髓分册. 北京：人民军医出版社，2012.

● 重要科技奖项

1. 基于影像学新技术的脑血管病早期诊疗、预后评估体系的建立与创新性临床应用. 2013. 上海市科技进步一等奖. 排名第 1.

2. 脑重大疾病的 CT、MRI 诊断体系的建立及创新性临床应用. 2012. 教育部科技进步一等奖. 排名第 1.

3. 联合结合和功能磁共振成像研究脑早期损伤和功能重建. 2009. 上海医学科技二等奖. 排名第 1.

● 学术成就概览

耿道颖教授作为一名影像诊断医生除每天承担住院、远程、高干、外宾读片及每周 40 名疑难杂症会诊的医疗任务外，带领团队坚持基于临床上发现的棘手问题作为研究的着力点，以第 1 完成人建立 3 项关键技术及创新性成果：①建立一套脑肿瘤功能 MRI 的量化分级标准与多影像融合的立体定位体系，为脑外科及其术中导航成功手术保驾护航。研究成果使胶质瘤分级的准确率、敏感性、特异性达到 93.8%、90.9% 和 100%；术中导航精确影像定位使脑激活区判定的准确性提高了 15% ~ 20%；手术致残率降低（5% ~ 10%）；术后疗效评估判断肿瘤复发和放射性坏死的判定准确率、敏感性、特异性达到 90%、92% 和 84%。②建立了全脑 CT 灌注一次扫描多模式成像方法（包括 CT 平扫 +CT 灌注 +4D-CT 血管造影），该方法既开拓了急性脑卒中（俗称脑中风）的绿色检查通道，又降低了患者的辐射剂量与经济成本。③建立了阿尔茨海默氏病（AD，俗称老年痴呆症）的 MRI 早期诊断和预后评估标准。该 3 项创新性技术的深入系统研究在上海领军人才项目的支持下得以实现。目前以第一或通讯作者发表 SCI 论文 25 余篇，中文论文 100 余篇，出版专著 5 部。已完成国自然、"973" 子课题等项目 9 项，正承担国家自然科学基金 1 项，市科委及人保局项目 2 项，市教委创新项目 1 项，卫生局重大课题 1 项。以排名第一获得了 2013 年度上海市科技进步一等奖；获 2012 年度教育部科技进步一等奖、2008 年度上海市医学科技二等奖以及 2012 年上海市 "优秀学术带头人" 及 2013 年 "上海领军人才计划" 等多项科技荣誉称号。作为导师被复旦大学评为十佳 "我心目中的好导师" 称号；培养研究生 39 名（其中毕业博士 24 名、博士后 1 名、硕士 7 名；在读硕士生 2 名，博士生 7 名）；他们已经成为学术带头人或学术骨干，其中 1 篇论文评为复旦大学优秀博士论文。2014 年获得上海市帼创新奖暨上海市 "三八红旗标兵" 称号。

夏景林

专业

内科学

专业技术职称

教授

工作单位与职务

复旦大学
附属中山医院教授

主要学习经历

1983.09−1988.07 · 温州医科大学医学系医学专业 学士
1992.09−1997.07 · 上海医科大学临床技能消化内科 博士

主要工作经历

1988.08−1992.08 · 浙江衢州卫校 助理讲师
1997.08− 至今 · 复旦大学附属中山医院 教授

重要学术兼职

2014.10− · 世界华人医师协会 理事
2013.10− · 《实用肿瘤杂志》 编委
2013.11− · *Journal of Clinical Translational Medicine* 编委
2011.12− · 国际转化医学会 执行委员

代表性论文，著作

1. Jing xu, Jinglin Xia. NRP-1 silencing suppresses hepatocellular carcinoma cell growth in vitro and in vivo Experiment Therapeutic Medicine, 2013, 5: 150-154.
2. Yaohui Wang, Weimin Wang, Lingyan Wang Xiangdong Wang, Jinglin Xia. Regulatory mechanisms of interleukin-8 production induced by tumor necrosis factor- in human hepatocellular carcinoma cells. Journal of Cellular and Molecular Medicine, 2012, 16(3): 496-506.
3. Biwei Yang, Jinghuai Zou, Jinglin Xia et al. Risk Factors for Recurrence of Small Hepatocellular Carcinoma after Long-term Follow up of Percutaneous Radiofrequency/Ethanol Ablation. European Journal of Radiology, 2011, 79: 196-200.
4. Jinglin Xia, Sharma D, Bing-hui Yang, et al. Analysis of the clinicopathological features of hepatocellular carcinoma in the elderly patients. JNMA, 2008, 47(3): 132-135.
5. Roland Andersson, Fan Jia, Xia Jinglin, Wang Xiangdong. Liver ischemia following vascular occlusion-a century experience. Scandinavian Journal of Gastroenterology, 2009, 6: 1-3.
6. Yang BW, Xia JL, Wu WZ, et al Establishment of stable fluorescent protein-expressing hepatocellular carcinoma xenograft model in nude mice. European Journal of Gastrententerology and Hepatology, 2008, 20(11): 1077-1084.
7. Xia JL, Dai C, Michalopoulos GK, Liu Y. Hepatocyte growth factor attenuates liver fibrosis induced by bile duct ligation. American Journal Of pathology, 2006, 168(5): 1500-1512.
8. Xia JL, Ren ZG, Ye SL, Sharma D, Ye SL, Lin ZY, Gan YH, Chen Y, Ge NL, Ma ZC, Wu ZQ, Fan J, Qin LX, Zhou XD, Tang ZY, Yang BY. Study of Severe and Rare Complications of Transarterial Chemoembolization (TACE) for Liver Cancer. European Journal of Radiology, 2006, 59: 407-412.

重要科技奖项

无。

学术成就概览

夏景林教授致力于提高肝癌介入疗效的基础和临床研究。近 3 年完成 3 项基础和临床研究，在国内外核心期刊发表 12 篇。

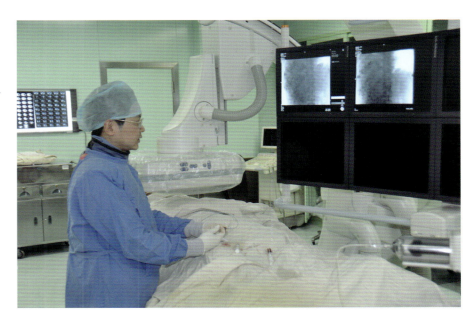

1. 肝癌炎症调控信号通路方面

2014 年发表在 *Journalof Cellular and Molacular Medicine*、*Journalof translational Medicine* 上关于肝癌炎症调控信号通路方面的论文，被同行专家认为是肝癌炎症调控关键信号通路的新发现并有潜在的治疗价值。

2. 扩大肝癌介入适应证研究

这些研究使一部分目前无法介入治疗的患者延长了生存时间（比目前公认的靶向治疗延长 7 个月），这些研究结果先后在上海、意大利国际肝肿瘤介入大会上进行了报告，获得了国内外专家的高度赞扬和热烈反响，2014 年相关研究已在国内核心期刊发表系列论文 5 篇。

3. 联合抗病毒延长生存

介入联合抗病毒药（拉米夫定）治疗，与单用介入比，1、2、3 年生存率分别提高 23%、21%、10%。研究结发表在 *Journal of Gastroenterology and Hepatology*。

夏景林教授所带领的研究团队近 3 年共获得了国家自然科学基金 10 项、省部级 3 项，总经费 468 万；此外，肝内科还得到了国家卫生和计划生育委员会临床重点学科项目支持（国家卫生和计划生育委员会和医院各 500 万）。

近 3 年来，夏景林教授举办上海国际肿瘤局部和靶向治疗会 3 届，累计参加人数 1 679 人，外宾 102 人，并应邀到英国、意大利讲学，扩大了团队的国际影响力。

柴逸峰

专业
药物分析学
专业技术职称
教授
工作单位与职务
第二军医大学药学院院长

● 主要学习经历

1982.09−1986.07 · 第二军医大学理学　学士
1986.09−1989.07 · 第二军医大学药物分析　硕士
1999.09−2002.07 · 第二军医大学药物分析　博士
2002.09−2004.12 · 清华大学分析化学　博士后

● 主要工作经历

1989.07−1990.12 · 第二军医大学药学院药物分析学教研室　助教
1991.01−1996.05 · 第二军医大学药学院科研办　参谋、讲师
1996.06−1998.07 · 第二军医大学药学院分析测试中心　支部书记、副教授
1998.08−2001.08 · 第二军医大学药学院药物分析学教研室　主任、副教授
2001.09−2004.07 · 第二军医大学药学院　副院长、副教授
2004.08−2009.12 · 第二军医大学药学院　副院长、教授
2009.12− 至今　· 第二军医大学药学院　院长、教授

● 重要学术兼职

2013.09− 至今　· 全国博士后管委会　第八届专家组成员
2012.09− 至今　· 国务院学位委员会　药学学科评议组成员
2010.09− 至今　· 全军药学专业委员　主任委员
2010.09− 至今　· 中国药学会军事药学专业委员会　主任
2011.06− 至今　· 上海市药学会　副理事长

● 代表性论文，著作

1. Xuan Ding, Yan Cao, Yongfang Yuan, Zhirong Gong, Yue Liu, Liang Zhao, Lei Lv, Guoqing Zhang, Dongyao Wang, Dan jia, Zhenyu Zhu, Zhanying Hong, Xiaofei Chen* and Yifeng Chai*. Development of APTES-decorated HepG2 cancer stem cell membrane chromatography for screening active components from Salvia miltiorrhiza. Anal Chem, 2016, 10.1021/acs.analchem.6b02709.

2. Xiaofei Chen, Yan Cao, Hai Zhang, Zhenyu Zhu, Min Liu, Haibin Liu, Xuan Ding, Zhanying Hong, Wuhong Li, Diya Lv, Lirong Wang, Xianyi Zhuo, Junping Zhang, Xiang-Qun Xie* and Yifeng Chai*. Comparative normal/failing rat myocardium cell membrane chromatographic analysis system for screening specific components that counteract doxorubicin-induced heart failure from Acontium carmichaeli. Anal Chem, 2014, 86 (10).

3. Hai Zhang, Shifan Ma, Zhiwei Feng, Dongyao Wang, Chengjian Li, Yan Cao, Xiaofei Chen, Aijun Liu, Zhenyu Zhu, Junping Zhang, Guoqing Zhang, Yifeng Chai*, Lirong Wang* and Xiang-Qun Xie*. Cardiovascular Disease Chemogenomics Knowledgebase-guided Target Identification and Drug Synergy Mechanism Study of an Herbal Formula. Scientific Reports, 2016, 6.

4. Si Chen, Hailong Jiang, Yan Cao, Yun Wang, Ziheng Hu, Zhenyu Zhu* and Yifeng Chai*. Drug target identification using network analysis: Taking active components in Sini decoction as an example. Scientific Reports, 2016, 6.

5. Yue Liu, Zhanying Hong, Guangguo Tan, Xin Dong, Genjin Yang, Liang Zhao, Xiaofei Chen, Zhenyu Zhu, Ziyang Lou, Baohua Qian, Guoqing Zhang* and Yifeng Chai*. NMR and LC/MS-based global metabolomics to identify serum biomarkers differentiating hepatocellular carcinoma from liver cirrhosis. International Journal of Cancer, 2014, 135(3).

6. Wenting Liao, Guangguo Tan, Zhenyu Zhu, Qiuli Chen, Ziyang Lou, Xin Dong, Wei Zhang, Wei Pan and Yifeng Chai*. Combined Metabonomic and Quantitative Real-Time PCR Analyses Reveal Systems Metabolic Changes in Jurkat T Cells Treated with HIV-1 Tat Protein. J Proteome Res, 2012, 11.

7. Yingying Cao, Zhenyu Zhu, Xiaofei Chen, Xiangwen Yao, Liuya Zhao, Hui Wang, Lan Yan, Haitang Wu, Yifeng Chai*and Yuanying Jiang*. Effect of Amphotericin B on the Metabolic Profiles of Candida albicans. J Proteome Res, 2013, 12.

8. Zhenyu Zhu, Hui Wang, Qinghua Shang, Yuanying Jiang, Yingying Cao, Yifeng Chai*, Time Course Analysis of Candida albicans Metabolites during Biofilm Development, J Proteome Res, 2013, 12.

9. Xuan Ding, Xiaofei Chen, Yan Cao, Zhenyu Zhu, Zhanying Hong, Yifeng Chai*. Quality improvements of cell membrane chromatographic column. J Chromatogr A, 2014, 1359.

10. Xiaofei Chen, Yan Cao, Diya Lv, Zhenyu Zhu, Junping Zhang, Yifeng Chai*. Comprehensive two-dimensional HepG2/cell membrane chromatography/monolithic column/time-of-flight mass spectrometry system for screening anti-tumor components from herbal medicines. J Chromatogr A, 2012, 1242.

11. 分析化学 . 第八版 . 北京：人民卫生出版社，2016.

• 重要科技奖项

1. 新型释药系统技术平台建设和应用 . 2015. 国家科技进步二等奖 . 第 2 完成人 .

2. 大学生创新能力培养实践教学体系的构建与实施 . 2013. 上海市教学成果一等奖 . 第 1 完成人 .

3. 抗乙肝病毒新晶型阿德福韦酯的研发及产业化 . 2013.. 上海市科技进步一等奖 . 第 4 完成人 .

4. "上海市领军人才"称号 . 2013. 中共上海市委组织部 .

5. 新时期军事特色药学人才培养模式的研究与实践 . 2009. 上海市教学成果一等奖 . 第 2 完成人 .

6. "上海市模范教师"称号 . 2009. 上海市教育委员会 .

• 学术成就概览

柴逸峰教授长期从事复杂体系分析，主要采用联用分析技术，信息学技术和组学方法在中药活性分析、药物代谢等领域开展深入的研究工作，涉足与手性药物拆分及复杂体系分析相关的化学计量学、信息学、计算机科学等跨学科领域。

作为药物分析学领域的专家，柴教授以中药复杂体系为研究对象，探索形成了特色的研究理念，不仅解决了中药活性成分体外表征及其体内处置过程解析等技术难题，而且致力于诠释中药 - 病症复杂体系间相互作用规律等关键科学问题，引领了上海市乃至全国药物分析学科的发展趋势。在国内较早的采用液相色谱串联高分辨质谱技术对中药复杂体系中的化学成分进行快速辨识，开展了细胞膜色谱技术的示范研究；建立了大鼠心肌、HepG2、HSC-T6 等多种细胞膜色谱模型，筛选到大量中药中具有活性的成分；发展了一种基于代谢组学和智能代谢通路富集分析的新方法，对心梗大鼠的血清和尿液进行代谢轮廓分析，从而对四逆汤的药效进行了系统评价，确证了其发挥药效的代谢机制；通过整合组学研究数据，阐明生物网络复杂性，揭示代谢物与蛋白质、代谢物与基因之间的关系；首次建立了基于代谢组学、基因组学和蛋白组学的抗辐射药物、芥子气损伤防治药物的有效性评价平台。

获得领军人才以来，在中药生物色谱分析和活性组分靶标分析方面取得了一些创新研究成果。构建了多种具有生物活性细胞膜色谱模型，并创新构建全二维比较细胞膜色谱分析系统，应用于多种中药的细胞膜结合活性组分筛选。此系统已申请国家发明专利 1 项，并从中药附子、苦参、黄柏中筛选得到多个中药潜在活性成分，进一步采用最新的非标记靶标鉴定技术鉴定成功并鉴定了活性组分的膜受体靶标。相关研究已在药物分析领域两个顶级期刊 *Analytical Chemistry* 和 *Journal of Chromatography A* 发表多篇论文，为中药活性分析提供了一些创新的思路和方法学。着眼于转化医学，将药物分析新技术应用于临床代谢组学研究，发现肝硬化和肝癌的专属性代谢生物标志物；开展中药有效组分应用于抗真菌感染临床代谢组学研究，发现一系列靶基因相关的代谢生物标志物，相关研究发表于高水平期刊 *International Journal of Cancer*，*Journal of Proteome Research* 等。

目前，柴教授主持国家重大新药创制重大专项课题、国家自然基金项目、国家科技部支撑计划项目、军队指令性攻关项目、上海市重点项目等重大项目近 10 项，国内外刊物发表有关学术论文 200 余篇，其中 SCI 收录 106 篇。主编或副主编出版专著和教材 4 部，专利申请和授权 10 多项，已培养了药物分析博士 20 名，硕士 23 名。

徐文东

专业

外科学

专业技术职称

教授，主任医师，博士生导师

工作单位与职务

复旦大学附属华山医院副院长、
手外科副主任

复旦大学附属华山医院静安分院
院长、手及上肢外科副主任

主要学习经历

1988.09－1993.07・原上海医科大学外科学系　医学学士

1995.09－2000.07・复旦大学（原上海医科大学）外科学系　医学博士

主要工作经历

1993.07－2001.10・复旦大学附属华山医院手外科　住院医师、主治医师

2001.11－2006.04・复旦大学附属华山医院手外科　副教授、副主任医师

2001.12－2003.12・复旦大学生命科学院　神经生物学博士后

2006.05－ 至今　・复旦大学附属华山医院手外科　教授、主任医师

2006.11－ 至今　・复旦大学附属华山医院手外科　博士生导师

2010.10－ 至今　・复旦大学附属华山医院手外科　副主任

2012.12－ 至今　・复旦大学附属华山医院　副院长

2012.12－ 至今　・复旦大学附属华山医院静安分院　院长

重要学术兼职

2016.05－ 至今　・中华医学会手外科学分会　现任主委

2013.05－ 至今　・中华医学会手外科学分会周围神经学组　组长

2015.11－ 至今　・中国医师协会手外科医师分会　副会长及总干事长

2016.05－ 至今　・中华手外科杂志　副主编

2015.10－ 至今　・亚太腕关节协会（APWA）　副主席

代表性论文，著作

1. Hua XY, Qiu YQ, Wang M, Zheng MX, Li T, Shen YD, Jiang S, Xu JG, Gu YD, Tsien J, Xu WD. Enhancement of Contralesional Motor Control Promotes Locomotor Recovery after Unilateral Brain Lesion. Sci Rep, 2016, 6: 18784.（通讯作者）

2. Lu YC, Liu H, Hua XY, Xu WD, Xu JG, Gu YD. Supplementary Motor Cortical Changes Explored by Resting-state Functional Connectivity in Brachial Plexus Injury. World Neurosurg, 2016, 88: 300-305.（通讯作者）

3. Feng JT, Liu HQ, Hua XY, Gu YD, Xu JG, Xu WD. Brain functional network abnormality extends beyond the sensorimotor network in brachial plexus injury patients. Brain Imaging Behav, 2015: 1-8.（通讯作者）

4. Li T, Hua XY, Zheng MX, Wang WW, Xu JG, Gu YD, *Xu WD. Different cerebral plasticity of intrinsic and extrinsic hand muscles after peripheral neurotization in a patient with brachial plexus injury: A TMS and fMRI study. Neurosci Lett, 2015, 604: 140-144.（通讯作者）

5. Feng JT, Zhu Y, Hua XY, Zhu Y, Gu YD, Xu JG, Xu WD. Diagnosing neurogenic thoracic outlet syndrome with the triple stimulation technique. Clin Neurophysiol, 2016, 127: 886-891.（通讯作者）

6. Hua XY, Qiu YQ, Li T, Zheng MX, Shen YD, Jiang S, Xu JG, Gu YD, Xu WD. Contralateral peripheral neurotization for

hemiplegic upper extremity after central neurologic injury. Neurosurgery, 2015, 76(2): pp187-95. (通讯作者)

7. Qiu YQ, Hua XY, Zuo CT, Li T, Shen YD, Xu JG, Gu YD, Xu WD, Deactivation of distant pain-related regions induced by 20-day rTMS: a case study of one-week pain relief for long-term intractable deafferentation pain. Pain Physician, 2014, 17(1): pp 99-105. (通讯作者)

8. Hua XY, Liu B, Qiu YQ, Tang WJ, Xu WD, Liu HQ, Xu JG, Gu YD, Long-term ongoing cortical remodeling after contralateral C-7 nerve transfer. J Neurosurg, 2013, 118: 725-729. (通讯作者)

9. The Art of Microsurgical Hand Reconstruction (Chapter 22: Contralateral C7 Nerve Transfer). Thieme Medical Publishers Inc.

10. Operative Microsurgery (Chapter 45: Contralateral C7 Nerve Grafts). The McGraw-Hill Companies.

● 重要科技奖项

1. 全长膈神经移位与颈 7 移位治疗臂丛根性撕脱伤 . 2005. 国家科技进步二等奖 . 第 3 完成人 .

2. 臂丛损伤后手功能重建的新方法研究及其应用 . 2013. 教育部科技进步二等奖 . 第 3 完成人 .

3. 全长膈神经移位与颈 7 移位治疗臂丛根性撕脱伤 . 2005 教育部科技进步一等奖 . 第 3 完成人 .

4. 全长膈神经移位与颈 7 移位治疗臂丛根性撕脱伤 . 2005. 中华医学科技一等奖 . 第 3 完成人 .

5. 臂丛损伤后手功能重建的新方法研究及其应用 . 2013. 上海市科学技术进步二等奖 . 第 3 完成人 .

6. 臂丛损伤后手功能重建的临床和基础研究 . 2004. 上海医学科技一等奖 . 第 3 完成人 .

7. 全长膈神经移位与颈 7 移位治疗臂丛根性撕脱伤 . 2004. 上海市科学技术进步一等奖 . 第 3 完成人 .

● 学术成就概览

徐文东教授，目前担任复旦大学附属华山医院副院长、静安分院院长、手外科副主任。2013 年获上海市领军人才以来，在本学科内学术地位不断提升，于 2014 年 7 月任中华医学会手外科学分会第七届委员会臂丛及周围神经学组组长；2015 年享受国务院特殊津贴，同年任医卫界别副主任委员，并任全国青联常委；2015 年 10 月任亚太腕关节协会（APWA）副主席；2015 年 11 月任中国医师协会手外科医师分会副会长及总干事长；2016 年 5 月任中华医学会手外科学分会主委，并于 2016 年 5 月任《中华手外科杂志》的副主编。

徐教授目前作为第一负责人，2014 年获国家 863 计划 1 项、2015 年获国家杰出青年基金 1 项，目前主持在研国家自然科学基金 2 项，参与 2 部国际专著编写。2014 年获 "首届树兰医学青年奖""上海市青年科技杰出贡献奖"；2015 年获科技部和比尔盖茨基金会联合颁发的 "大挑战·青年科学家"，同年获静安杰出人才称号，2016 年获科技部 "中青年科技创新领军人才" 等多项荣誉。徐教授作为第 3 完成人于 2013 年 1 月获教育部科技进步二等奖、2013 年 3 月获上海市科技进步二等奖。

徐教授主要在以下方面进行自主学术创新：

（1）周围神经损伤及修复相关的脑功能重塑研究。对于周围神经神经损伤后脑功能重塑的研究对于理解大脑的功能重塑模式、提高疾病的诊疗水平有重要作用。获上海市领军人才以来，徐教授带领课题组对周围神经损伤疾病的脑重塑机制进行了深入探究，总结出与运动、感觉相关的重塑模式，并发现运动和感觉中枢的重塑模式不同。在此基础上进一步提出了恢复中枢损伤后期瘫痪上肢功能的全新策略：将周围神经交叉移位，使瘫痪上肢的神经投射由对侧半球变为同侧半球，诱发脑功能重塑，实现健存半球同时支配健侧和瘫痪上肢。已临床应用 76 余例，并进行了全国多处推广，效果显著，得到国际同行高度评价，6 次应邀在国际手外科、神经外科年会上代表中国做 "keynote speech"。

（2）在国内率先研究腕关节疾患的病医和治疗，是国内在这一领域的代表，并于 2014 年建立了 EWAS 授权的大陆唯一腕关节镜培训基地以来，已培训国际和全国学员超过 400 名。徐教授作为亚太腕关节协会副主席参加第一届亚太腕关节学习班开幕式，并多次受邀担任国际腕关节镜学习班课程的授课专家，以及受邀赴美参加国际腕关节镜协会大会进行手术演示。徐教授带领的团队在对疾病的深入研究基础上，自主研发了一种克氏针导向器，针对 "尺骨撞击综合征" 进行精确截骨，大大减少创伤、避免钢板断裂等并发症。

徐格致

专业
眼科学

专业技术职称
教授

工作单位与职务
复旦大学 附属眼耳鼻喉科医院副院长

● 主要学习经历

1980.07－1985.07 • 原上海医科大学临床医学　医学士

1993.07－1995.07 • 香港中文大学研究院眼科学　哲学硕士

● 主要工作经历

1985.07－1992.04 • 复旦大学附属眼耳鼻喉科医院　眼科住院医生

1992.05－1996.11 • 复旦大学附属眼耳鼻喉科医院　眼科主治医生

1996.12－2001.04 • 复旦大学附属眼耳鼻喉科医院　副教授

2001.05－2003.04 • 复旦大学附属眼耳鼻喉科医院　科副主任、教授

2003.05－ 至今　• 复旦大学附属眼耳鼻喉科医院　科主任、教授、博士生导师

2010.06－ 至今　• 复旦大学附属眼耳鼻喉科医院　副院长

2012.01－ 至今　• 上海市视觉损伤与重建重点实验室　主任

● 重要学术兼职

2004.09－ 至今　• 中华眼科学会　委员

2013.04－ 至今　• 中华眼科学会眼底病组　副组长

2012.04－ 至今　• 上海眼科学会　副主委

2010.04－ 至今　•《中华眼底病杂志》　副主编

● 代表性论文，著作

1. Zhou WT, Xu GZ. Electrical stimulation ameliorates light-induced photoreceptor degeneration in vitro via suppressing the proinflammatory effect of microglia and enhancing the neurotrophic potential of Müller cells. Exp Neurol, 2012, 238(2): 192-208. (通讯作者，IF: 4.699)

2. Fan J, Xu G, Jiang T, Qin Y. Pharmacologic induction of heme oxygenase-1 plays a protective role in diabetic retinopathy in rats. Invest Ophthalmol Vis Sci, 2012, 53(10): 6541-6556. (通讯作者，IF: 3.597)

3. Ye X, Ren H, Zhang M, Sun Z, Jiang AC, Xu G. ERK1/2 signaling pathway in the release of VEGF from Müller cells in diabetes. Invest Ophthalmol Vis Sci, 2012, 53(7): 3481-3489. (通讯作者，IF: 3.597)

4. Zhang M, Xu G, Liu W, Ni Y, Zhou W. Role of Fractalkine/CX3CR1 Interaction in Light-Induced Photoreceptor Degeneration through Regulating Retinal Microglial Activation and Migration. PLoS One, 2012, 7(4). (通讯作者，IF: 4.092)

5. Ye X, Xu G, Chang Q, Fan J, Sun Z, Qin Y, Jiang AC. ERK1/2 signaling pathways involved in VEGF release in diabetic rat retina. Invest Ophthalmol Vis Sci, 2010, 51(10): 5226-5233. (通讯作者，IF: 3.597)

6. Ni YQ, Gan DK, Xu HD, Xu GZ. Neuroprotective effect of transcorneal electrical stimulation on light-induced photoreceptor degeneration. Exp Neurol, 2009, 219(2): 439-452. (通讯作者，IF: 4.699)

7. Ni YQ, Xu GZ, Hu WZ, Shi L, Qin YW. Neuroprotective effects of naloxone against light-induced photoreceptor degeneration through inhibiting retinal microglial activation. Invest Ophthalmol Vis Sci, 2008, 49 (6): 2589-2598. (通讯作者，IF: 3.597)

8. Qin Y, Ren H, Hoffman MR, Fan J, Zhang M, Xu G. Aquaporin changes during diabetic retinopathy in rats are accelerated by systemic hypertension and are linked to the renin-angiotensin system. Invest Ophthalmol Vis Sci, 2012, 17:53(6): 3047-3053. (通讯作者，IF: 3.597)

9. Chen L, Wang K, Esmaili DD, Xu G. Rhegmatogenous retinal detachment due to paravascular linear retinal breaks over patchy chorioretinal atrophy in pathologic myopia. Arch Ophthalmol, 2010, 128(12): 1551-1554. (通讯作者，IF: 3.711)

10. Qin Y, Zhu M, Qu X, Xu G. Regional macular light sensitivity changes in myopic Chinese adults: an MP1 study. Invest Ophthalmol Vis Sci, 2010, 51(9): 4451-4457. (通讯作者，IF: 3.597)

● 重要科技奖项

1. 人类视网膜变性中感光细胞凋亡 . 2001. 上海市科技进步三等奖 . 排名第 1.

● 学术成就概览

徐格致教授从事临床工作多年，已完成复杂性玻璃体视网膜显微手术 1 万 3 千余例，是国内领域内该手术量最大医生之一，尤其擅长黄斑界面疾病和糖尿病性视网膜疾病的显微手术，两次作为手术示范医生在大型国际会议中现场手术示范。病人群体中约 60% 来自同行疑难病例转诊，其中不乏美日及港台地区病人。作为专家治疗组组长，主持成功抢救在专业界与社会影响极大的"安徽宿迁群体白内障术后群体眼内炎"与"上海 Avastin 眼内注射群体眼内反应"。在国际上最先报道了疑难的"高度近视视网膜脱离中血管旁裂孔特征及治疗"与"单独脉络膜累及结节病"，"青少年特发黄斑裂孔"及"特发黄斑裂孔形成与愈合过程中的黄斑移位现象"。在国内最早系统报道了"眼内淋巴瘤""视网膜血管增生性肿瘤"。在本院平台建立了服务于上海地区的特殊病原体眼内感染诊断平台，创立组织连续 6 年上海与华东地区及全国三大眼科中心疑难眼病讨论会，具全国影响力。著有专著《微创玻璃体切除手术学》等。主办全国性玻璃体手术学习班 8 次，是全国仅有二家之一玻璃体手术训练中心主持者。2009 年获上海市优秀学科带头人（A 类）计划，2012 年获国务院颁发政府特殊津贴，2009 年获"上海市卫生系统医德医风高尚奖提名"称号。

基础研究：最早证实"高度近视和年龄相关黄斑变性中感光细胞凋亡"，据此获 2001 年度"上海市科技进步三等奖"。围绕视网膜病理微环境，胶质细胞对视网膜神经元变性影响及干细胞展开基础与运用研究，获 2 项国家"973"一级子项目课题，2 项国家自然科学基金面上项目及上海市科委"登山计划""重点项目"等共计 900 余万元资助。发表论文 100 余篇，主编专著 2 本，其中通讯或第一作者 SCI 论文 34 篇，其中 8 篇发表于眼科学专业最有影响力的杂志 IOVS 和 Arch Ophthalmol。单篇引用次数最高达 38 次。

教书育人：培养硕博士研究生 31 名，其中博士生 16 名，1 名获上海市优秀毕业生称号，2 人获复旦大学优秀毕业生称号，1 人入选上海市"浦江人才团队"，2 人入选"上海市科技启明星计划"，6 人获国家自然科学基金面上项目。指导毕业生中 3 人担任了三甲医院眼科主任或副主任，指导结业的视网膜专题进修生中 2 人担任了所在三甲医院的副院长或科主任，先后获"复旦大学华藏奖教金""复旦大学最受欢迎研究生导师"等称号。

高 锋

专业

医学检验

专业技术职称

研究员、主任技师、二级教授

工作单位与职务

上海市第六人民医院
检验科主任
中心实验室主任
转化医学中心副主任

● 主要学习经历

1980.09−1985.06 · 第四军医大学医疗系　学士
1987.09−1990.06 · 第三军医大学消化内科　硕士
1990.09−1993.06 · 第二军医大学消化内科　博士

● 主要工作经历

1985.07−1987.06 · 兰州军区总医院消化内科　住院医师
1987.07−1990.08 · 第三军医大学西南医院消化内科　住院医师
1993.07−1998.07 · 第二军医大学附属长征医院实验诊断科　主治医师、副研究员
1998.08−2000.06 · 美国乔治城大学医学院肿瘤系　博士后
2000.07− 至今 · 上海市第六人民医院检验科、中心实验室、转化医学中心　检验科主任、中心实验室主任、
　　　　　　　　转化医学中心副主任

● 重要学术兼职

2009.08−2012.08 · 上海医学会检验医学分会　副主任委员
2011.12− 至今 · 上海免疫学会免疫技术分会　主任委员
2011.12− 至今 · 上海免疫学会　理事
2012.08− 至今 · 上海医学会检验医学分会　顾问
2014.09− 至今 · 上海医学会医院管理学会　委员
2015.07− 至今 · 上海检验医师学会 副主任委员

● 代表性论文，著作

1. Guoliang Zhang, Lin Guo, Cuixia Yang, Yiwen Liu, Yiqing He, Yan Du, Wenjuan Wang, Feng Gao*. A novel role of breast cancer-derived hyaluronan on inducement of M2-like tumor associated macrophages formation. Oncoimmunology, 2016, 5(6): e1172154. (通讯作者，IF: 7.644)

2. Yan Du, Manlin Cao, Yiwen Liu, Yiqing He, Cuixia Yang, Man Wu, Guoliang Zhang, Feng Gao*.Low Molecular Weight Hyaluronan (LMW-HA) Accelerates Lymph Node Metastasis of Melanoma Cells by Inducing Disruption of Lymphatic Intercellular Adhesion. 2016. (Accepted) (通讯作者，IF: 7.644)

3. Yang C, He Y, Zhang H, Liu Y, Wang W, Du Y, Gao F* Selective killing of breast cancer cells expressing activated CD44 using CD44 ligand-coated nanoparticles in vitro and in vivo. Oncotarget, 2015, 6(17): 15283-15296. (IF: 5.008)

4. Cuixia Yang, Manlin Cao, Hua Liu, Yiqing He, Jing Xu, Yan Du, Yiwen, Liu, Wenjuan Wang, Lian Cui, Jiajie Hu, Feng Gao*. The high and low molecular weight forms of hyaluronan have distinct effects on CD44 clustering. J Biol Chem, 2012, 287(51): 43094-43107. (通讯作者，IF: 4.773)

5. Cuixia Yang, Yiwen Liu, Yiqing He, Yan Du, Wenjuan Wang, Xiaoxing Shi, Feng Gao*. The Use of HA oligosaccharide-

loaded nanoparticles to breach the endogenous Hyaluronan Glycocalyx for Breast Cancer Therapy. Biomaterials, 2013, 34(28): 6829-6838. (通讯作者，IF: 5.312)

6. Man Wu, Lin Guo, Yiqing He, Yiwen. Liu, Yan Du, Wenjuan Wang, Cuixia Yang, Feng Gao*. Analyzing of a novel role of low molecular weight hyaluronan in breast cancer metastasis. FASEB J, 2015, 29(4): 1290-1298. (通讯作者，IF: 5.48)

7. Man Wu, Yan Du, Yiwen Liu, Yiqing He, Cuixia Yang, Wenjuan Wang, Feng Gao*. Low Molecular Weight Hyaluronan Induces Lymphangiogenesis through LYVE-1-mediated Signaling Pathways. PLoS One, 2014, 9(3): e92857. (通讯作者，IF: 3.534)

8. Du Y, Liu H, He YQ, Liu YW, Yang CX, Zhou MU, Wang WJ, Cui L, Hu JJ, Gao F*. Binding of LYVE-1 with hyaluronan on the cell surface may play a role in the diverse adhesion to cancer cells. PLoS One, 2013, 8(5): e63463. (通讯作者，IF: 3.534)

9. Zhou MQ, Du Y, Liu YW, Wang YZ, He YQ, Yang CX, Wang WJ, Gao F*. Clinical experimental studies regarding the expression and diagnostic power of carcinoembryonic antigen-related cell adhesion molecule 1 in non-small-cell lung cancer. BMC Cancer, 2013, 13(359): 1-10. (通讯作者，IF: 3.333)

10. Wang WJ, Shi XX, Liu YW, He YQ, Wang YZ, Yang CX, Gao F*.The mechanism underlying the effects of the cell surface ATP synthase on the regulation of intracellular acidification during acidosis. J Cell Biochem, 2013, 114(7): 1695-1703. (通讯作者，IF: 3.062)

11. Guoliang Zhang, Huizhen Zhang, Yiwen Liu, Yiqing He, Wenjuan Wang, Yan Du, Cuixia Yang, Feng Gao*. CD44 clustering is involved in monocyte differentiation. Acta Biochim Biophys Sin, 2014, 46: 540–547. (通讯作者，IF: 2.089)

12. Gao F *, Yiwen Liu, Yiqing He, et al. Hyaluronan oligosaccharides promote excisional wound healing through enhanced angiogenesis. Matrix Biology, 2010, 29: 107-116. (通讯作者，IF: 3.299)

13. Wei Mo, Cuixia Yang, Yiwen Liu, Yiqing He, Yingzhi Wang, Feng Gao*. The influence of hyaluronic acid on vascular endothelial cell proliferation and the relationship with ezrin/merlin expression. Acta Biochim Biophys Sin, 2011, 43(12): 930-939. (通讯作者，IF: 2.089)

• 重要科技奖项

1. 透明质酸寡聚糖促进血管新生及其在伤口愈合治疗中的作用．2011．上海医学科技三等奖．第 1 完成人．

• 学术成就概览

高锋教授作为医学检验科主任，任上海医学会检验医学分会顾问，上海免疫学会临床免疫主任委员，上海检验学会副主任委员，主持上海检验学会免疫分会工作多年，致力于临床检验诊断工作。临床主攻肿瘤免疫及肝病的实验室诊断研究，擅长病毒性肝炎、肝硬化的实验室诊断，

尤其是乙肝 HBV 灰区值的判定标准，并在国内首次研制开发了 HA 和 LN 肝纤维化体外诊断试剂盒已实现技术转化，在全国广泛应用。作为首席科学家承担国家高技术研究发展计划"363 计划"，并主持国家自然科学基金 4 项、上海市科委重点项目 2 项和国家"十一五"重大攻关子课题等项目，入选上海市优秀学术带头人培养计划。科研主攻肿瘤转移与分子靶向治疗，围绕细胞外基质在肿瘤耐药中的作用及机制开展深入系统的研究，发现了细胞外基质中透明质酸 HA 与乳腺肿瘤的耐药性密切相关，并系统阐明了 HA 诱导耐药的新机制；率先发现 HA 的小分子降解产物——寡聚糖 oHA 能够逆转乳腺肿瘤耐药，并深入系统的明确了其分子机制；发现 oHA 作为药物载体在突破"保护性屏障"、逆转乳腺肿瘤耐药中的重要作用，展示出良好的药物研发前景。此外，他在肿瘤早期转移的诊断及治疗方面研究多年，并取得重要进展，拓展了糖分子等在肿瘤诊疗领域的新功能。他作为第一发明人获得 2 项国家发明专利；以第一或通讯作者发表论著 100 余篇，SCI 收录的论著 30 余篇，其中自获得领军人才以来发表 SCI 论著 7 篇，包括 *J Biol Chem*，*FASEB J*，*Oncoimmunology*，*Biomaterials* 等国际知名杂志，所进行的研究工作引起国际同行的高度重视，多次获邀在国际学术会议发言；获得军队科技进步一等奖及上海医学科技奖等多项荣誉。

高锋教授带领科室始终坚持以质量为中心的管理理念，站在临床医学检验的前沿，积极发展亚学科和交叉学科，科室在上海乃至全国临床检验领域享有盛誉。

自获得领军人才以来，作为科室负责人，继续推进学科专业人员的梯队建设，带领科室团队迅速成长，涌现了一批临床素质全面、在各亚学科崭露头角的青年业务骨干，为临床各种疾病提供完整、及时和准确的检验诊断报告。同时，团队在科研上也取得了新的成绩，包括新获得国家自然科学基金 5 项、上海青年科技英才扬帆计划 1 项、上海市自然科学基金青年项目 2 项，正在形成一支立足医学检验专业特色、以中青年学术骨干为主的优秀团队。

韩宝惠

专业

内科学

专业技术职称

主任医师

工作单位与职务

上海市胸科医院/上海交通大学
附属胸科医院副院长

• 主要学习经历

1978—1982	• 山东 泰山医学院　学士
1989—1994	• 复旦大学医学院　博士
2000—2001	• 美国匹茨堡大学癌症中心　访问学者

• 主要工作经历

| 1996—1989 | • 山东泰山医学院　住院医师 |
| 1994— 至今 | • 上海市胸科医院 / 上海交通大学附属胸科医院　主任医师、副院长 |

• 重要学术兼职

2012—	• 中国中西医结合学会呼吸分会　副主任委员
2012—	• 中国医师学会肿瘤专业委员会　常委
2012—	• 卫生部海峡二岸医药卫生交流协会肿瘤防治专家委员会　副主任委员
2013—	• 中国肿瘤临床协会肿瘤血管靶向专委会　主任委员
2013—	• 上海市癌症基金会　副理事长
2013—	• 中国抗癌协会肺癌专委会　全国委员

• 代表性论文，著作

1. Zhong H, Han B, Tourkova IL, Lokshin A, Rosenbloom A, Shurin MR.Shurin GVLow-Dose Paclitaxel Prior to Intratumoral Dendritic Cell Vaccine Modulates Intratumoral Cytokine Network and Lung Cancer Growth. Clin Cancer Res, 2007, 13(18 Pt 1): 5455-5462.

2. Tony S. Mok, Yi-Long Wu, F.A.C.S, Sumitra Thongprasert, Chih-Hsin Yang, Da-Tong Chu, Nagahiro Saijo, Patrapim Sunpaweravong, Baohui Han. Gefitinib or Carboplatin–Paclitaxel in Pulmonary Adenocarcinoma, NEJM, 2009, 361 (10): 10.

3. Han B, Xiu Q, Wang H, Shen J, Gu A, Luo Y, Bai C, Guo S, Liu W, Zhuang Z, Zhang Y, Zhao Y, Jiang L, Zhou J, Jin X. A multicenter, randomized, double-blind, placebo-controlled study to evaluate the efficacy of paclitaxel-carboplatin alone or with endostar for advanced non-small cell lung cancer. J Thorac Oncol, 2011, 6(6): 1104-1109.

4. Han B, Gao G, Wu W, Gao Z, Zhao X, Li L, Qiao R, Chen H, Wei Q, Wu J, Lu D. Association of ABCC2 polymorphisms with platinum-based chemotherapy response and severe toxicity in non-small cell lung cancer patients. Lung Cancer, 2011, 72(2): 238-43.

5. Bai H, Xu J, Yang H, Jin B, Lou Y, Wu D, Han B. Survival prognostic factors for patients with synchronous brain oligometastatic non-small-cell lung carcinoma receiving local therapy. Onco Targets Ther. 2016, 11(9): 4207-4213.

6. Luo J, Wang R, Han B, Zhang J, Zhao H, Fang W, Luo Q, Yang J, Yang Y, Zhu L, Chen T, Cheng X, Huang Q, Wang Y, Zheng J, Chen H. Analysis of the clinicopathologic characteristics and prognostic of stage I invasive mucinous adenocarcinoma. J Cancer Res Clin Oncol. 2016, 142(8): 1837-1845.

7. Xu J, Jin B, Chu T, Dong X, Yang H, Zhang Y, Wu D, Lou Y, Zhang X, Wang H, Han B. EGFR tyrosine kinase inhibitor (TKI)

in patients with advanced non-small cell lung cancer (NSCLC) harboring uncommon EGFR mutations: A real-world study in China. Lung Cancer. 2016, 96: 87-92.

8. Qian J, Bai H, Gao Z, Dong YU, Pei J, Ma M, Han B. Downregulation of HIF-1α inhibits the proliferation and invasion of non-small cell lung cancer NCI-H157 cells. Oncol Lett. 2016, 11(3): 1738-1744.

9. Li R, Pu X, Chang JY, Ye Y, Komaki R, Minna JD, Roth JA, Han B, Wu X. MiRNA-Related Genetic Variations Associated with Radiotherapy-Induced Toxicities in Patients with Locally Advanced Non-Small Cell Lung Cancer. PLoS One. 2016, 11(3): e0150467.

10. Xu J, Chu T, Jin B, Dong X, Lou Y, Zhang X, Wang H, Zhong H, Shi C, Gu A, Xiong L, Zhao Y, Jiang L, Zhang J, Han B. Epidermal Growth Factor Receptor Tyrosine Kinase Inhibitors in Advanced Squamous Cell Lung Cancer. Clin Lung Cancer. 2016, 17(4): 309-314.

● 重要科技奖项

1. 痰液癌基因突变对肺癌的辅助诊断价值. 1999. 上海市卫生局科学技术进步三等奖. 第1完成人.

2. 2003. 上海市抗"SARS"先进个人.

3. 树突状细胞生物免疫治疗在肺部肿瘤治疗中的应用和研究. 2009. 上海医学科技奖三等奖. 第1完成人.

4. 2009. 上海市优秀学科带头人计划.

5. 超声支气管镜引导下的经支气管针吸活检（EBUS-TBNA）在胸部良恶性疾病诊断中的应用. 2010. 恩德思医学科学技术奖一等奖. 第1完成人.

6. 晚期非小细胞肺癌的个体化治疗的临床研究. 2011. 上海医学科技二等奖.

7. 晚期非小细胞肺癌的个体化治疗的临床研究. 2014. 中华医学科技二等奖. 第1完成人.

8. 超声支气管镜创新技术在肺癌诊治中的应用. 2015. 上海医学科技二等奖. 第1完成人.

● 学术成就概览

韩宝惠教授作为学科带头人开展了多项胸部肿瘤临床诊治项目：①在国内开展肺癌靶向治疗研究，应用靶向治疗肺癌超过千余人，显著提高了晚期肺癌生活质量，延长了生存期。②国内率先开展了肺癌树突状细胞为基础的生物免疫治疗，使其成为肺癌辅助治疗的一种低毒、有效的治疗手段。获得上海市科委重大课题的资助，发表了多篇高质量的SCI文章。③超声纤维支气管镜检查（E-BUS）：2009年在国内最早开展超声

支气管镜"E-BUS"检查以来，检查数量超过700例；诊断肺癌的敏感性为83.33%，特异性100%，准确率86.67%，阳性预测率100%，阴性预测率60%。E-BUS技术已经成为解决胸部肿瘤诊断和肺癌分期的有效先进手段，并在国内处于领先地位。④国内最早开展肺癌个体化治疗研究，承担国家"十一五"攻关项目及上海市科委"肺癌个体化治疗临床研究"。⑤开展基于社区为主的早期肺癌筛查项目，并获得上海市卫生和计划生育委员会及申康的资助。

2006～2011年多次受邀中日韩"肺癌会议"的特邀发言人和大会共同主席，2007年中国科协青年科学家论坛执行主席。作为课题总PI负责的多中心、随机、双盲、安慰剂对照泰素卡铂（TC）与TC联合恩度方案治疗晚期NSCLC临床试验，2009年受邀在美国旧金山召开的第十三届世界肺癌大会中大会发言介绍中国肺癌多学科临床研究的最新成果，文章发表在 *JTO*（June 2011 Vol）。这也是肺癌领域作为国内课题负责人首次受邀在世界肺癌大会中发言介绍我国肺癌多中心研究的最新成果，2011年代表"肺癌靶向维持治疗研究课题组"在第十四届世界肺癌大会报告我国肺癌多中心临床研究的成果；2013年10月受邀在世界肺癌大会中国肺癌研究专场作专题报告并作为分会主席主持会议；2012年担任 *ANNOUNAL OF ONCOLOGY*（肺癌分册中国版）主编。担任上海市胸科医院药物临床管理机构（GCP）主任，参加和组织多项新药临床研究。2012年作为全球肺癌分子流行病学研究（IGNIGHT）的4位全球主要研究者（PI）之一负责亚洲地区的研究；近年来药物临床研究的相关论文在国际著名刊物 *NEJ*，*CCR0*，*EOJ* 发表。

作为国内肺癌诊治领域的学科带头人参与了自2006年至2011年历年中国肺癌治疗指南（CNCCN）的制定，2011年及2014年韩宝惠作为卫生部专家组编写2011版《中国肺癌诊治规范》及肺癌临床诊治质控标准的制定；2011年受邀担任"中国肺癌防治高峰论坛"大会共同主席并作学术报告；2012年作为卫生部肺癌专家组参与肺癌临床路径制定，任卫生部《原发性肺癌诊疗质量控制指标（试行）》编写专家组成员，同时也是中国EGFR基因突变检测专家协作组专家共识起草人之一。

覃文新

专业
肿瘤学
专业技术职称
研究员
工作单位与职务
上海市肿瘤研究所副所长

● 主要学习经历

1981.09－1985.06 · 武汉大学生物化学　理学学士
1991.09－1994.12 · 苏州大学医学生物化学　医学硕士
1995.09－1998.06 · 上海医科大学微生物学　医学科学博士
2007.04－2008.03 · 美国系统生物学研究所系统生物学　访问学者

● 主要工作经历

1985.07－1993.06 · 苏州医学院　研究实习员
1993.07－1998.10 · 苏州医学院　助理研究员
1998.11－2000.12 · 上海市肿瘤研究所　助理研究员
2001.01－2004.12 · 上海市肿瘤研究所　副研究员、硕士生导师
2005.01－2014.09 · 上海市肿瘤研究所　研究员、博士生导师
2014.10－ 至今　 · 上海市肿瘤研究所　副所长、研究员、博士生导师

● 重要学术兼职

2010.02－2014.01 · 国际癌症质子动力学协会（International Society for Proton Dynamics in Cancer, ISPDC）　会员
（Member）
2011.09－2015.08 · 上海市遗传学会第九届委员会　理事
2011.04－2015.04 · 中国蛋白质组学专业委员会第三届委员会　委员
2011.08－2016.07 · 《肿瘤》杂志　编委
2009.09－2014.08 · 《肿瘤防治研究》　编委

● 代表性论文，著作

1. Niu Y, Wu Z, Shen Q, Song J, Luo Q, You H, Shi G, Qin W*. Hepatitis B virus X protein co-activates pregnane X receptor to induce the cytochrome P450 3A4 enzyme, a potential implication in hepatocarcinogenesis. Dig Liver Dis, 2013, 45(12): 1041-8. （通讯作者，IF: 2.889）
2. Fan S, Niu Y, Tan N, Wu Z, Wang Y, You H, Ke R, Song J, Shen Q, Wang W, Yao G, Shu H, Lin H, Yao M, Zhang Z, Gu J, Qin W*. LASS2 enhances chemosensitivity of breast cancer by counteracting acidic tumor microenvironment through inhibiting activity of V-ATPase proton pump. Oncogene, 2013, 32(13): 1682-1690. （通讯作者，IF: 8.559）
3. Shen Q, Fan J, Yang XR, Tan Y, Zhao W, Xu Y, Wang N, Niu Y, Wu Z, Zhou J, Qiu SJ, Shi YH, Yu B, Tang N, Chu W, Wang M, Wu J, Zhang Z, Yang S, Gu J, Wang H, Qin W*. Serum DKK1 as a protein biomarker for the diagnosis of hepatocellular carcinoma: a large-scale, multicentre study. Lancet Oncol, 2012, 13(8): 817-826. （通讯作者，IF: 25.117）
4. Deng Y, Yu B, Cheng Q, Jin J, You H, Ke R, Tang N, Shen Q, Shu H, Yao G, Zhang Z, Qin W*. Epigenetic silencing of WIF-1 in hepatocellular carcinomas. J Cancer Res Clin Oncol, 2010, 136(8): 1161-7. （通讯作者，IF: 2.485）

5. Sheng SL, Huang G*, Yu B, Qin WX*. Clinical significance and prognostic value of serum Dickkopf-1 concentrations in patients with lung cancer. Clin. Chem, 2009, 55(9): 1656-1664（通讯作者，IF: 6.263）

6. You H, Jin J, Shu H, Yu B, De Milito A, Lozupone F, Deng Y, Tang N, Yao G, Fais S, Gu J, Qin W*. Small interfering RNA targeting the subunit ATP6L of proton pump V-ATPase overcomes chemoresistance of breast cancer cells. Cancer Lett, 2009, 18;280(1): 110-119.（通讯作者，IF: 3.741）

7. Yu B, Yang X, Xu Y, Yao G, Shu H, Lin B, Hood L, Wang H, Yang S, Gu J, Fan J*, Qin W*. Elevated expression of DKK1 is associated with cytoplasmic/nuclear beta-catenin accumulation and poor prognosis in hepatocellular carcinomas. J Hepatol, 2009, 50(5): 948-957.（通讯作者，IF: 7.818）

8. Jin J, You H, Yu B, Deng Y, Tang N, Yao G, Shu H, Yang S, Qin W*. Epigenetic inactivation of SLIT2 in human hepatocellular carcinomas. Biochem Biophys Res Commun, 2009, 379(1): 86-91.（通讯作者，IF: 2.548）

9. Lu X, Qin W*, Li J, Tan N, Pan D, Zhang H, Xie L, Yao G, Shu H, Yao M, Wan D, Gu J, Yang S. The growth and metastasis of human hepatocellular carcinoma xenografts are inhibited by small interfering RNA targeting to the subunit ATP6L of proton pump. Cancer Res, 2005, 65(15): 6843-6849.（通讯作者，IF: 7.516）

10. 主译. 肿瘤微环境（The Tumor Microenvironment）. 杭州：浙江大学出版社, 2013.

● 重要科技奖项

1. Wenxin Qin, Haitao Zhang, Yanjun Yu, Haiyan You, Shengli Yang, Jianren Gu, Gang Huang, Shile Sheng, Tao Chen. Use of DKK-1 protein in the cancer diagnosis. US 8623328 B2. 2014.1.7

2. 覃文新，张海涛，余艳军，游海燕，杨胜利，顾健人，黄钢，盛世乐，陈涛. DKK-1 蛋白在癌症诊断中的应用. ZL200680054578.9，证书号：1286170，2013.10.16.

3. 覃文新，姚根富，万晓桢，杨胜利，顾健人. CTHRC1 在肝癌诊断中的应用. ZL 2007 8 0052912.1，证书号：1090264，2012.11.28.

4. Wenxin Qin, Haitao Zhang, Yanjun Yu, Haiyan You, Shengli Yang, Jianren Gu, Gang Huang, Shile Sheng, Tao Chen. Use of DKK-1 protein in the cancer diagnosis. US8263039 B2. 2012.9.11.

5. 染色体 17p13.3 区段肝癌等恶性肿瘤相关基因群的分离与功能研究. 2005. 上海市科学技术进步二等奖.

6. 高通量基因功能筛选和验证系统的建立及应用. 2004. 上海市科学技术进步一等奖.

● 学术成就概览

覃文新教授潜心从事肿瘤标志物与肿瘤早期诊断、肿瘤微环境、肿瘤转移研究多年。发表文章近 80 篇，其中 SCI 文章 48 篇，影响因子合计

约为 222.63，单篇影响因子最高为 25.117，累计被引用约 1 000 次。其中以通信作者或第一作者 / 并列第一作者在 The Lancet Oncology、PNAS、Cancer Research、Oncogene 等国际科学期刊上发表研究论文。出版《肿瘤微环境》学术译著 1 部。作为第一完成人，获美国专利 2 项、中国发明专利 2 项，申请中国发明专利 6 项。

代表性成果为首次发现分泌蛋白家族成员 DKK1（Dickkopf-1）在人类多种肿瘤中高表达，并证明 DKK1 可作为新的肿瘤血清蛋白标志物，用于人类恶性肿瘤（如肺癌、肝癌等）的早期诊断和预后判断。分泌蛋白 DKK1 用于肝细胞癌血清诊断的大规模多中心 II 期临床试验研究，以"快速通道"发表在国际临床肿瘤学和肿瘤转化医学顶级杂志 The Lancet Oncology（IF: 25.117），该杂志当期为此配发了专评。论文发表后，在国内外学术界产生了广泛影响：Nature China 和 Springer Healthcare News 等作为亮点，对他们的论文相继进行了重点介绍，评价他们的发现可弥补甲胎蛋白（AFP）在肝癌诊断"假阴性（false-negative）"和"假阳性（false-positive）"方面的不足；此外，国际肿瘤学界知名学者在不同科学期刊对他们的论文进行了评价和推荐，如国际肝癌协会前主席 Jurdi Bruix 在《柳叶刀肿瘤学》专评中肯定了他们的研究成果，认为值得进一步研究，德国 Rolf Lamerz 教授在专业杂志 Digestion 的 Editorial（编辑社论）中介绍了他们的研究成果，香港大学 Irene Oi-Lin Ng 教授等在 Future Oncology 杂志撰文，以优先论文评价的形式专门介绍了我们的发现和研究成果。由此，他们受《柳叶刀肿瘤学》特邀，随后在《柳叶刀肿瘤学》杂志发表学术通讯 1 篇。肿瘤血清蛋白标志物 DKK1 的相关研究结果先后发表在 The Lancet Oncology（IF: 25.117）、Clinical Chemistry（IF: 6.263）、Journal of Hepatology（IF: 7.818）等杂志，获美国专利 2 项、中国专利 2 项，申请中国发明专利 4 项。

自 2013 年获领军人才以来，积极推进肿瘤标志物 DKK1 的产业化工作，与法国生物梅里埃公司、美国国家癌症研究所（National Cancer Institute，NCI）开展合作，并成功与国内企业签署了 DKK1 专利许可产业化开发协议，肿瘤标志物 DKK1 用于临床诊断的试剂盒正在研发中，进展顺利。

上海领军人才学术成就概览·医学卷

上海领军人才
学术成就概览·医学卷

2014年

马 雄

专业

内科学

专业技术职称

主任医师

工作单位与职务

上海交通大学医学院
附属仁济医院消化内科副主任

主要学习经历

1986.08−1991.07·镇江医学院医疗系　学士

1995.09−1998.07·上海第二医科大学（现上海交通大学医学院）　内科学硕士

1998.09−2001.07·上海第二医科大学（现上海交通大学医学院）　内科学博士

2005.02−2006.12·美国 Johns Hopkins 大学医院，胃肠和肝病科　博士后

主要工作经历

1991　−1994　·镇江市第一人民医院　住院医师

2001　−2005　·上海交通大学医学院附属仁济医院消化内科　主治医师

2005　−2011　·上海交通大学医学院附属仁济医院消化内科　副主任医师

2008.11− 至今 ·上海交通大学医学院附属仁济医院，上海市消化疾病研究所　副所长

2012　− 至今 ·上海交通大学医学院附属仁济医院消化内科　科副主任，主任医师

2013　− 至今 ·癌基因及相关基因国家实验室　PI

2015.09　·上海交通大学　特聘教授

重要学术兼职

2010　−　·中华医学会上海肝病专科委员会　委员

2012　−　·上海市医学会肝病学会自身免疫性肝病学组　组长

2012.10− 至今 ·国际自身免疫性肝炎工作小组（IAIHG）　委员

2013　−　·中华医学会肝病分会青年委员会　副主任委员

2014　−　·*Journal of Hepatology, Journal of Autoimmunity*　编委

代表性论文，著作

1. Bian Z, Miao Q, Zhong W, Zhang H, Wang Q, Peng Y, Chen X, Guo C, Shen L, Yang F, Xu J, Qiu D, Fang J, Friedman S, Tang R, Gershwin ME, Ma X. Treatment of cholestatic fibrosis by altering gene expression of Cthrc1: Implications for autoimmune and non-autoimmune liver disease. J Autoimmun, 2015, 63: 76-87. （通讯作者）

2. Tang R, Chen H, Miao Q, Bian Z, Ma W, Gershwin ME, Liao W, Ma X. The cumulative effects of known susceptibility variants to predict Primary Biliary Cirrhosis risk. Genes & Immunity, 2015, 16(3): 193-198. （通讯作者）

3. Dong M, Li J, Tang R, Zhu P, Qiu F, Wang C, Qiu J, Wang L, Dai Y, Xu P, Gao Y, Han C, Wang Y, Wu J, Wu X, Zhang K, Dai N, Sun W, Zhou J, Hu Z, Liu L, Jiang Y, Nie J, Zhao Y, Gong Y, Tian Y, Ji H, Jiao Z, Jiang P, Shi X, Jawed R, Zhang Y, Huang Q, Li E, Wei Y, Xie W, Zhao W, Liu X, Zhu X, Qiu H, He G, Chen W, Seldin MF, Gershwin ME, Liu X, Ma X. Multiple genetic variants associated with primary biliary cirrhosis in a Han Chinese population. Clin Rev Allergy Immunol, 2015, 48(2-3): 316-321. （通讯作者）

4. Miao Q, Bian Z, Tang R, Zhang H, Wang Q, Huang S, Xiao X, Shen L, Qiu D, Krawitt EL, Gershwin ME, Ma X. Emperipolesis

Mediated by CD8 T Cells Is a Characteristic Histopathologic Feature of Autoimmune Hepatitis. Clin Rev Allergy Immunol, 2015, 48: 226-35. (通讯作者)

5. Zhang Haiyan, Liu Y, Bian Z, Huang S, Han X, You Z, Wang Q, Qiu D, Miao Q, Peng Y, Li X, Invernizzi P, Ma Xiong. The Critical Role of Myeloid-Derived Suppressor Cells and FXR Activation in Immune-Mediated Liver Injury. J Autoimmun, 2014, 53: 55-66. (通讯作者)

6. Yang Chenyen, Ma Xiong, Tsuneyama K, Huang S, Takahashi T, Chalasani NP, Bowlus CL, Yang GX, Leung PS, Ansari AA, Wu L, Coppel R, Gershwin ME. IL-12/Th1 and IL-23/Th17 biliary microenvironment in primary biliary cirrhosis: Implications for therapy. Hepatology, 2014, 59: 1944-1953. (第一作者)

7. Wang Qixia, Selmi C, Zhou X, Qiu D, Li Z, Miao Q, Chen X, Wang J, Krawitt EL, Gershwin ME, Han Y, Ma Xiong. Epigenetic considerations and the clinical reevaluation of the overlap syndrome between primary biliary cirrhosis and autoimmune hepatitis. J Autoimmun, 2013, 41: 140-145. (通讯作者)

8. Bian Zhaolian, Peng Y, You Z, Wang Q, Miao Q, Liu Y, Han X, Qiu D, Li Z, Ma Xiong. CCN1 expression in hepatocytes contributes to macrophage infiltration in nonalcoholic fatty liver disease in mice. J Lipid Res, 2013, 54(1): 44-54. (通讯作者)

9. You Zhengrui, Wang Q, Bian Z, Liu Y, Han X, Peng Y, Shen L, Chen X, Qiu D, Selmi C, Gershwin ME, Ma Xiong. The immunopathology of liver granulomas in primary biliary cirrhosis. J Autoimmun, 2012, 39(3): 216-221. (通讯作者)

10. Qiu Dekai, Wang Q, Wang H, Xie Q, Zang G, Jiang H, Tu C, Guo J, Zhang S, Wang J, Lu Y, Han Y, Shen L, Chen X, Hu X, Wang X, Chen C, Fu Q, Ma Xiong. Validation of the Simplified Criteria for Diagnosis of Autoimmune Hepatitis in Chinese Patients. Journal of Hepatology, 2011, 54: 340-347. (通讯作者)

• 重要科技奖项

自身免疫性肝病内免疫微环境与临床诊治 . 2015. 上海医学科技二等奖 . 第 1 完成人 .

• 学术成就概览

马雄教授，医学博士，主任医师，博士生导师，国家杰出青年科学基金获得者。现任上海市消化疾病研究所副所长，上海交通大学医学院附属仁济医院消化内科副主任。2011 年受邀作为加入国际自身免疫性肝炎小组（IAIHG）成员、中华医学会肝病学分会青年委员会副主任委员、上海市医学会肝病学分会委员、上海市医学会肝病学分会自身免疫性肝病学组组长。承担国家自然基金面上项目 4 项，国家杰出青年科学基金 1 项，国家自然科学基金国际合作与交流项目 1 项，参与国家自然基金创新群体课题 1 项，入选上海市浦江人才、上海市优秀学术带头人和上海市领军人才计划。在 *Hepatology* 等肝病学和免疫学杂志发表 SCI 论著 30 余篇，总影响因子 200 分。担任 *Journal of Hepatology*，*Journal of Autoimmunity*，

Journal of Digestive Disease 等国际期刊编委。临床擅长疑难肝胆疾病特别是自身免疫性肝病和非酒精性脂肪性肝病的诊治，特别注重转化医学研究。与欧美专家一起提出将"原发性胆汁性肝硬化"更名为"原发性胆汁性胆管炎"的倡议，在 *Journal of Hepatology*，*Hepatology*，*Gastroenterology*，*GUT* 等 8 本消化病或肝病学杂志同时发表，并获国际社会认可。作为国际自身免疫性肝炎工作小组的唯一中国成员，受邀在欧洲肝病学会（EASL）主办的原发性胆汁性肝硬化（2014 年，米兰；2015 年，冰岛）、自身免疫性肝炎（2015 年，伦敦）专题会议作专题发言（2 次）和主持讨论等。牵头制定了我国第一部《自身免疫性肝炎诊断和治疗共识 (2015)》，并参与制定《胆汁淤积性肝病诊断和治疗共识》《原发性胆汁性肝硬化（原发性胆汁性胆管炎）诊断和治疗共识》和《原发性硬化性胆管炎诊断和治疗共识》等自身免疫性肝病诊治指南。2014 年入选上海领军人才，2015 年受聘为上海交通大学特聘教授。

王侃侃

专业

生物化学与分子生物学

专业技术职称

研究员

工作单位与职务

上海交通大学医学院
附属瑞金医院研究员

主要学习经历

1987.09－1993.07 · 上海医科大学预防医学　医学学士
1993.09－1996.07 · 上海医科大学微生物学　硕士
2002.07－2005.07 · 上海第二医科大学遗传学　博士

主要工作经历

1997.07－1999.07 · 加拿大多伦多大学医学中心，玛格丽特公主医院／安省肿瘤研究所　博士后
1999.07－2002.09 · 加拿大多伦多大学医学中心，玛格丽特公主医院／安省肿瘤研究所　Research Associate
2002.09－2004.12 · 上海交通大学医学院附属瑞金医院　副研究员（聘任）
2005.01－2006.12 · 上海交通大学医学院附属瑞金医院　副研究员
2007.01－2009.11 · 上海交通大学医学院附属瑞金医院　研究员（聘任）
2009.11－ 至今　 · 上海交通大学医学院附属瑞金医院　研究员

重要学术兼职

2012－ ·美国血液学会　国际会员
2010－ ·中国卫生信息学会　理事
2013－ ·上海生物信息学会　理事
2011－ ·《中国实验血液学杂志》　编委
2013－ · Stem Cell Investigation　审稿人

代表性论文，著作

1. Yang X, Wang P, Liu J, Zhang H, Xi W, Jia X, Wang K. Coordinated regulation of the immunoproteasome subunits by PML/RARα and PU.1 in acute promyelocytic leukemia. Oncogene, 2014, 33(21).

2. Zhang H, Mi J, Fang H, Wang Z, Wang C, Wu L, Zhang B, Yang W, Wang H, Minden M, Li J, Xi X, Chen S, Zhang J, Chen Z, Wang K. Preferential eradication of acute myelogenous leukemia stem cells by fenretinide. Proc Natl Acad Sci USA, 2013, 110(14).

3. Jin W, Wu K, Li Y, Yang W, Zou B, Zhang F, Zhang J, Wang K. AML1-ETO targets and suppresses cathepsin G, a serine protease, which is able to degrade AML1-ETO in t(8;21) acute myeloid leukemia. Oncogene, 2013, 32(15).

4. Luo R, Ye L, Tao C, Wang K. Simulation of E. coli gene regulation including overlapping cell cycles, growth, division, time delays and noise. PLoS One, 2013, 8(4).

5. Zhu X, Zhang H, Qian M, Zhao X, Yang W, Wang P, Zhang J, Wang K. The significance of low PU.1 expression in patients with acute promyelocytic leukemia. Journal of Hematology & Oncology, 2012, 5.

6. Zou D, Yang X, Wang P, Zhu X, Yang W, Jia X, Zhang J, Wang K. Regulation of the hematopoietic cell kinase gene by PML/RARα and PU.1 in acute promyelocytic leukemia. Leukemia Res, 2012, 36.

7. Shi J, Yang W, Chen M, Du Y, Zhang J, Wang K. AMD, an automated motif discovery tool using stepwise refinement of

gapped consensuses. PLoS One, 2011, 6(9).

8. Fang H, Du Y, Xia L, Li J, Zhang J, Wang K. A topology-preserving selection and clustering approach to multi-dimensional biological data. OMICS, 2011, 15(7-8).

9. Fang H, Jin W, Yang Y, Jin Y, Zhang J, Wang K. An organogenesis network-based comparative transcriptome analysis for understanding early human development in vivo and in vitro. BMC Systems Biology, 2011, 5.

10. Wang K, Wang P, Shi J, Zhu X, He M, Jia X, Yang X, Qiu F, Jin W, Qian M, Fang H, Mi J, Yang X, Xiao H, Minden M, Du Y, Chen Z, Zhang J. PML/RARalpha targets promoter regions containing PU.1 consensus and RARE half sites in acute promyelocytic leukemia. Cancer Cell, 2010, 17(2).

● 重要科技奖项

1. 整合组学技术及计算机生物学方法应用重大疾病发生及治疗的分子网络 . 2007. 上海市科技进步一等奖 . 第 2 完成人 .

2. 应用高通量组学技术研究重大疾病发生及治疗的分子网络 . 2008. 教育部自然科学一等奖 . 第 2 完成人 .

3. 2010. 明治乳业生命科学奖—杰出奖

4. 2011. 上海市人才发展基金

● 学术成就概览

王侃侃研究员长期从事白血病的系统生物学研究，应用系统生物学的研究思路和策略，整合高通量技术和分子生物学技术，以白血病发生机制为研究对象，围绕白血病发病和治疗的转录调控这一核心问题，在基础研究、临床转化和技术手段等方面取得了一系列系统性的原创性成果：① 从全基因组水平揭示 PML/RARα 融合蛋白的结合特征，首次发现 PML/RARα 通过选择性抑制 PU.1 及相关通路而造成 APL 细胞分化受阻，为诠释 APL 的致病机制提供了理论基础；② 以融合蛋白调控 PSMBs、

CTSG、TF、HCK 等关键基因的转录机制为切入点，揭示白血病发生累及的重要功能通路的转录调控机制；③ 首次发现小分子化合物 Fenretinide 能特异性杀伤 AML 白血病干细胞凋亡，而对正常造血干细胞无明显毒副反应，为解决白血病耐药这一困扰已久的临床问题提供了候选药物；④ 从转录组水平解析协同靶向药物诱导分化 / 凋亡过程的转录调控网络；⑤ 开发一系列具有自主知识产权的高通量数据分析方法，在全面和准确地分析高通量组学数据方面展现了极具潜力的应用前景。申请人已发表论文 40 余篇，累及影响因子 212 分（其中第一和通讯作者 140 分），单篇最高 27 分，分别发表在 Cancer Cell（1 篇）、PNAS（3 篇）、Oncogene（2 篇）、Blood（1 篇）。主持科技部 973 计划子课题、863 计划探索性课题、国家自然科学基金项目等科研项目和教育部新世纪优秀人才计划等人才基金项目共 12 项。获得美国及中国专利各 1 项和软件著作权 3 项，上海市科技进步一等奖（排名第 2）、教育部自然科学一等奖（排名第 2）、教育部新世纪优秀人才、上海市曙光学者、明治乳业生命科学杰出奖、上海市青年科技启明星及其跟踪计划、上海市人才发展资金等奖项。目前任美国血液学会国际会员、中国卫生信息学会理事、上海生物信息学会理事和《中国实验血液学杂志》编委等职。

史建刚

专业

外科学

专业技术职称

教授，主任医师

工作单位与职务

第二军医大学
附属长征医院骨科医院脊柱二科主任

主要学习经历

1986.09－1991.06 · 第二军医大学临床医学　学士
1996.09－1998.06 · 第二军医大学临床医学　硕士
1998.09－2001.06 · 第二军医大学骨外科学　博士

主要工作经历

1991.07－1996.09 · 济南军区 371 医院　住院医师、助教
2001.09－2006.09 · 第二军医大学附属长征医院　主治医师、讲师
2006.09－2013.06 · 第二军医大学附属长征医院　副主任医师、副教授
2012.09－ 至今　· 第二军医大学附属长征医院　主任医师、教授

重要学术兼职

2016.04－2020.04 · 中国医药教育协会骨科专业委员会　副主任委员
2015.10－2019.10 · 中国医药教育协会骨科专业委员会脊柱分会　主任委员
2013.03－2017.03 · 中国人民解放军医学科学技术委员会骨科专业委员会　委员
2014.10－2018.10 · 中国医师协会骨科专业委员会胸腰椎组　委员
2014.06－2018.06 · 中国康复医学会颈椎病专业委员会　常务委员

代表性论文，著作

1. Ma B1, Wu H, Jia LS, Yuan W, Shi GD, Shi JG. Caudaequina syndrome: a review of clinical progress.Chin Med J, 2009, 122(10): 1214-1222.
2. Fu Z1, Shi J, Jia L Jr, Yuan W Jr, Guan Z. Intervertebral Thoracic Disc Calcification Associated With Ossification of Posterior Longitudinal Ligament in an Eleven-Year-Old Child. Spine, 2009, 36(12): e808-810.
3. Shi J1, Jia L, Yuan W, Shi G, Ma B, Wang B, Wu J. Clinical classification of caudaequina syndrome for proper treatment. ActaOrthopaedica, 2010, 81(3): 391-395.
4. Chen X1, Fu X, Shi JG, Wang H.Regulation of the osteogenesis of pre-osteoblasts by spatial arrangement of electrospunnanofibers in two- and three-dimensional environments. Nanomedicine: Nanotechnology, Biology and Medicine, 2013, 9(8): 1283-1292.
5. Liu K, Shi J, Jia L, Yuan W. Hemilaminectomy and Unilateral Lateral Mass Fixation for Cervical Ossification of the Posterior Longitudinal Ligament. ClinOrthopRelat Res, 2013, 471(7): 2219-2224.
6. Liu K1, Zhu W, Shi J, Jia L, Shi G, Wang Y, Liu N. Foot drop caused by lumbar degenerative disease: clinical features, prognostic factors of surgical outcome and clinical stage. PLoS One, 2013, 8(11): e80375.
7. Shi G1, Liu Y, Liu T, Yan W, Liu X, Wang Y, Shi J, Jia L. Upregulated miR-29b promotes neuronal cell death by inhibiting Bcl2L2 after ischemic brain injury. Exp Brain Res, 2012, 216(2): 225-230.
8. Ma B1, Shi J, Jia L, Yuan W, Wu J, Fu Z, Wang Y, Liu N, Guan Z. Over-expression of PUMA correlates with the apoptosis of spinal cord cells in rat neuropathic intermittent claudication model. PLoS One, 2013, 8(5): e56580.

9. Shi G1, Shi J, Liu K, Liu N, Wang Y, Fu Z, Ding J, Jia L, Yuan W. Increased miR-195 aggravates neuropathic pain by inhibiting autophagy following peripheral nerve injury. Glia, 2013, 61(4): 504-512.

● 重要科技奖项

1. 腰骶椎疾病致马尾神经损害的基础与临床. 2012. 国家教育部高等院校科学技术进步二等奖. 第1完成人.

● 学术成就概览

史建刚教授，从事临床研究多年，并在其所研究了的领域硕果累累，做出了杰出的贡献。

一、临床研究与成果：

（1）严重多节段颈脊髓压迫损伤外科治疗并发症多，提出了选择性后路半椎板切除或/和前路的"脊髓原位减压技术"。较常规开门手术并发症减少4.7%。

（2）首次全面研究马尾神经根病的发病规律，提出"双向溃变"的发病机制的理论、马尾神经综合征的临床分期理论和早期诊断的标准，降低了发病率，提高了手术效果。获得3项国家自然基金的资助，发表文章20余篇，部分内容得到推广应用。上述研究成果荣获国家教育部高等院校优秀成果科学技术进步二等奖。受到同道和媒体广泛关注。

（3）强直性脊柱炎合并后凸畸形致残率高，矫形手术更属脊柱外科高风险的治疗，提出"现代多维手术床与人体复合体截骨矫形术"，大大降低了术中脊髓损伤的风险，减少了并发症，提高了疗效。

（4）主持多项军事医学课题的研究，获得多项军事医学成果。

二、科研成果：

（1）第一负责人获得基金6项，分课题负责人获得基金4项，共计467万元，其中包括2项国家自然科学基金，2项上海市基础重点课题，4项军队重大课题。

（2）获得科研成果6项，发明专利8项，实用新型专利3项。

（3）主编专著2部，副主编专著1部。

三、获得领军人才以来所获得成绩

（1）系统研究了脊椎脊髓发育性疾病的特点，创立了"脊椎脊髓发育性疾病"这一新的专业方向，且进行全面的基础与临床研究。

（2）脊柱脊髓发育性疾病是一重大临床疑难问题，通过深入基础和临床研究，首次提出了"组织发育差异性致脊髓轴性牵拉损伤的病理机制"的新理论，改变了传统的"终丝牵拉理论"，提出了"腰椎多节段均匀缩短脊髓轴性减压技术"，并在临床实践中获得了前所未有的效果，在腰椎脊髓栓系综合征这一临床疑难问题的治疗上取得了突破性里程碑式的成果，达到国际先进水平。2013年美国西海岸脊柱外科高峰论坛，美国著名骨科专家PeterNewton教授：该手术术式为腰椎脊髓栓系综合征治疗提出了一新的治疗方法。顾玉东院士认为：该手术技术独到，为原创性手术。

（3）发明"脊柱量化万方矫形器"对寰枢椎滑脱和青少年特发性侧弯关键技术进行量化矫正，大大减少了并发症，使手术更量化、微创化，由传统的外牵引转变为内牵引，对该项外科治疗进行了开创性的改进。

（4）随着老年社会的到来，胸腰椎骨质疏松椎体压缩性骨折发病率高，发明了"微创椎体增强技术"和"长征脊柱微创通用拉钩"，较传统技术减少了创伤、医疗费，提高了疗效。

（5）研制开发满足脊柱微创手术临床使用要求的通用型脊柱微创手术机器人系统，提高手术操作精度，实现量化操作（脊柱手术的定向、定量和实时置钉、切割操作），精确安全。获得上海市科技成果转化和产业化项目资助50万元。

（6）坚持传统外科技术和解剖的对照研究，实现外科技术的多项改进。2014年著成《脊柱外科手术解剖图解》（中、英文两种版本）专著1部，首次发行5 000册。

孙晓东

专业
眼科学
专业技术职称
主任医师
工作单位与职务
上海市第一人民医院副院长眼底科主任

主要学习经历

1987.09－1993.07 · 上海医科大学临床医学　学士
1996.09－2001.06 · 复旦大学眼科学　博士

主要工作经历

1993.07－2006.09 · 上海市第一人民医院　历任住院医师、主治医师、副主任医师、主任医师、硕士生导师、眼科副主任
2006.09－2007.03 · 美国 Bascom Palmer Eye Institute　博士后
2007.03－ 至今 · 上海市第一人民医院　主任医师、教授、博士生导师、眼底视网膜科主任、眼科教研室主任、上海交通大学"985"转化医学平台眼科生物样本库主任

重要学术兼职

2012.10－ 至今 · 上海医学会眼科分会　副主任委员
2012.09－ 至今 · 中华医学会眼科分会　委员、专家会员
2012.06－ 至今 · 中国医师协会眼科分会　委员

代表性论文，著作

1. Wang FH, Yu SQ, Liu K, Chen FE, Song ZY, Zhang X, Xu X, Sun XD. Acute Intraocular Inflammation Caused by Endotoxin Following the Intravitreal Injection of Counterfeit Bevacizumab in Shanghai, China. Ophthalmology, 2013, 120(2): 355-361.
2. Dong K, Zhu H, Song Z, Gong Y, Wang F, Wang W, Zheng Z, Yu Z, Gu Q, Xu X, Sun X. Necrostatin-1 Protects Photoreceptors from Cell Death and Improves Functional Outcome after Experimental Retinal Detachment. Am J Pathol, 2012, 181(5): 1634-1641.
3. Wang W, Wang F, Lu F, Xu S, Hu W, Huang J, Gu Q, Sun X. The antiangiogenic effects of integrin alpha5beta1 inhibitor (ATN-161) in vitro and in vivo. Invest Ophthalmol Vis Sci, 2011, 52(10): 7213-7220.
4. Wang F, Wang W, Yu S, Wang W, Lu F, Xu F, Hu W, Jiang Y, Wu Y, Wang H, Xu X, Sun X. Functional recovery after intravitreal bevacizumab treatment for idiopathic choroidal neovascularization in young adults. Retina, 2012, 32(4): 679-686.
5. Mao D, Sun X. Reactivation of the PI3K/Akt Signaling Pathway by the Bisperoxovanadium Compound bpV(pic) Attenuates Photoreceptor Apoptosis in Experimental Retinal Detachment. Invest Ophthalmol Vis Sci, 2015, 56(9): 5519-5532.
6. Zhou M, Zhang P, Xu X, Sun X. The Relationship Between Aldose Reductase C106T Polymorphism and Diabetic Retinopathy An Updated Meta-Analysis. Invest Ophthalmol Vis Sci, 2015, 56(4): 2279-2289.
7. Liu H, Zhu H, Li T, Zhang P, Wang N, Sun X. Prolyl-4-Hydroxylases Inhibitor Stabilizes HIF-1α and Increases Mitophagy to Reduce Cell Death After Experimental Retinal Detachment. Invest Ophthalmol Vis Sci, 2016, 57(4): 1807-1815.
8. Huang P, Wang F, Sah BK, Jiang J, Ni Z, Wang J, Sun X. Homocysteine and the risk of age-related macular degeneration a systematic review and meta-analysis. Sci Rep, 2015, 5: 10585.
9. Zhu H, Qian J, Wang W, Yan Q, Xu Y, Jiang Y, Zhang L, Lu F, Hu W, Zhang X, Wang F, Sun X. RNA interference of GADD153 Protects Photoreceptors from Endoplasmic Reticulum Stress-mediated Apoptosis after Retinal Detachment. PLoS One, 2013,

8(3): e59339.

10. Lu X, Sun X.Profile of conbercept in the treatment of neovascular age-related macular degeneration. Drug Des Devel Ther, 2015, 9: 2311-2320.

● 重要科技奖项

1. 糖尿病性视网膜病变的发病机理及临床防治 . 2008. 国家科学技术进步二等奖 . 第 2 完成人 .
2. 视网膜脱离视觉功能保护策略研究与应用 . 2014. 上海医学科技二等奖 . 第 1 完成人 .
3. 视网膜脱离视觉功能保护策略研究与应用 . 2014. 中华医学科技三等奖 . 第 1 完成人 .

● 学术成就概览

孙晓东教授，博士，主任医师，博士生导师，教育部"长江学者"特聘教授，国家杰出青年基金获得者；现任上海交通大学附属第一人民医院副院长、眼科中心副主任、眼底科主任、眼科教研室主任、上海交通大学"985"转化医学平台眼科生物样本库主任、上海医学会眼科学分会副主任委员、中华医学会眼科学分会委员、专家会员、中国医师协会眼科学分会委员、享受国务院政府特殊津贴专家、美国眼科学会国际会员、美国 AERS、ARVO 会员。担任 *IOVS*、*Retina* 以及《中华眼科》《中华眼底病》《中华实验眼科》《中华眼视光学》等核心期刊审稿人编委。

临床上擅长年龄相关性黄斑变性、视网膜脱离、糖尿病性视网膜病变等眼底疑难疾病诊治与显微微创玻璃体视网膜手术；科研上一直聚焦于眼底病导致视网膜光感受器细胞损伤 / 修复机制及干预措施研究。研究成果完善并发展光感受器细胞损伤 / 死亡调控机制理论，国际上首次报道并命名"内毒素诱导眼毒性反应综合征"(EOTS)，创建保护和重建视功能的眼底病治疗新策略，建立了临床诊治和科研攻关紧密结合的临床转化型研究团队，为临床恢复和重建视功能，避免治疗风险具有重要指导和科学意义。先后 7 次受邀在国际会议上进行特邀专题发言。EOTS 综合征发现引起国家卫生和计划生育委员会以及中华眼底病学组重视，直接推动并被邀请作为核心专家组制定眼内注射标准等行业规范以及眼底病临床路径，应用于全国，规范临床治疗。

作为项目负责人主持国家杰出青年科学基金、国家"973"课题、"863"重点项目、国家自然科学基金面上项目等国家级课题 7 项和省部级课题 12 项。发表论著 153 余篇，其中发表 SCI 论文 52 篇（IF：224.95）。先后获得国家科学技术进步二等奖（第 2 完成人）、教育部科技进步二等奖（第 1 完成人）、中华医学会科技三等奖（第 1 完成人）等 11 项省部级和

行业科技奖励。临床上，是国内率先开展显微内窥镜下治疗复杂性视网膜脱离、微创玻璃体视网膜手术以及抗 VEGF 治疗新生血管性眼病等国际领先或先进技术的专家之一。先后列入国家"百千万人才工程"国家级人选、教育部"新世纪优秀人才"、上海市优秀学术带头人等 9 个人才对象；获得上海市银蛇奖、上海市青年科技创新奖等多个荣誉称号。由于医教研上突出成绩，2010 年被中华眼科学会授予"中华眼科学会大奖"。

邹云增

专业

内科学

专业技术职称

教授

工作单位与职务

复旦大学
附属中山医院上海市心血管病研
究所副所长

主要学习经历

1979.09−1984.08 · 北京医学院医学系医学专业　学士
1993.04−1997.03 · 日本东京大学医学部循环器内科　博士
1997.04−2000.03 · 日本东京大学医学部循环器内科　博士后

主要工作经历

1984.09−1993.03 · 青岛医学院附属医院心内科　医师、主治医师
2000.04−2001.02 · 日本东京大学循环器内科　研究员
2001.02−2004.08 · 日本千叶大学循环器内科　研究员
2004.09− 至今　 · 复旦大学附属中山医院心研所实验室　主任
2009.05− 至今　 · 上海市心血管病研究所　副所长

重要学术兼职

2008.08− 至今　 · 中华医学会心血管病学专业委员会基础科学学组　副组长
2011.11− 至今　 · 美国心脏学会（AHA）　Fellow
2012.06− 至今　 · 世界中医药联合会络病学专业委员会　副会长
2013.06− 至今　 · 国际心脏研究会中国转化医学工作委员会　副主任
2015.07− 至今　 · 中国医师协会心力衰竭专业委员会　副主任委员

代表性论文，著作

1. Sun A, Zou Y, Wang P, Xu D, Gong H, Wang S, Qin Y, Zhang P, Chen Y, Harada M, Isse T, Kawamoto T, Fan H, Yang P, Akazawa H, Nagai T, Takano H, Ping P, KomuroI, Ge J. Mitochondrial aldehyde dehydrogenase 2 plays protective roles in heartfailure after myocardial infarction via suppression of the cytosolic JNK/p53pathway in mice. J Am Heart Assoc, 2014, 18, 3(5): e000779.

2. Wang S, Gong H, Jiang G, Ye Y, Wu J, You J, Zhang G, Sun A, Komuro I, Ge J, Zou Y. Src is required for mechanical stretch-induced cardiomyocyte hypertrophythrough angiotensin Ⅱ type 1 receptor-dependent β-arrestin2 pathways. PLoS One, 2014, 9(4): e92926.

3. Gong H, Yan Y, Fang B, Xue Y, Yin P, Li L, Zhang G, Sun X, Chen Z, Ma H, Yang C, Ding Y, Yong Y, Zhu Y, Yang H, Komuro I, Ge J, Zou Y. Knockdown of nucleosome assembly protein 1-like 1 induces mesoderm formation and cardiomyogenesis vianotch signaling in murine-induced pluripotent stem cells. Stem Cells, 2014, 32(7): 1759-1773.

4. Chen Z, Xu J, Ye Y, Li Y, Gong H, Zhang G, Wu J, Jia J, Liu M, Chen Y, Yang C, Tang Y, Zhu Y, Ge J, Zou Y. Urotensin Ⅱ inhibited the proliferation of cardiacside population cells in mice during pressure overload by JNK-LRP6 signalling. J Cell Mol Med, 2014, 18(5): 852-862.

5. Guan A, Gong H, Ye Y, Jia J, Zhang G, Li B, Yang C, Qian S, Sun A, Chen R, Ge J, Zou Y. Regulation of p53 by jagged1 contributes to angiotensin II-inducedimpairment of myocardial angiogenesis. PLoS One, 2013, 8(10): e76529.

6. Ma H, Gong H, Chen Z, Liang Y, Yuan J, Zhang G, Wu J, Ye Y, Yang C, Nakai A, Komuro I, Ge J, Zou Y. Association of Stat3 with HSF1 plays a critical role inG-CSF-induced cardio-protection against ischemia/reperfusion injury. J Mol CellCardiol, 2012, 52(6): 1282-1290.

7. Zou Y, Liang Y, Gong H, Zhou N, Ma H, Guan A, Sun A, Wang P, Niu Y, Jiang H, Takano H, Toko H, Yao A, Takeshima H, Akazawa H, Shiojima I, Wang Y, Komuro I, GeJ. Ryanodine receptor type 2 is required for the development of pressureoverload-induced cardiac hypertrophy. Hypertension, 2011, 58(6): 1099-1110.

8. Zou Y, Li J, Ma H, Jiang H, Yuan J, Gong H, Liang Y, Guan A, Wu J, Li L, ZhouN, Niu Y, Sun A, Nakai A, Wang P, Takano H, Komuro I, Ge J. Heat shocktranscription factor 1 protects heart after pressure overload through promotingmyocardial angiogenesis in male mice. J Mol Cell Cardiol. 2011, 51(5): 821-829.

9. Wang S, Sun A, Li L, Zhao G, Jia J, Wang K, Ge J, Zou Y. Upregualtion of BMP-2 antagonizes TGF-β1/ROCK-enhanced cardiac fibrotic signaling through activating ofSmurf1/Smad6 complex. J Cell Mol Med, 2012, 28: 1582-4934.

10. You J, Wu J, Ge J, Zou Y Comparison between adenosine and isoflurane forassessing the coronary flow reserve in mouse models of left ventricular pressure and volume overload. Am J Physiol Heart Circ Physiol, 2012, 303(10): H1199-1207.

● 重要科技奖项

1. 心肌重构的调控机制及其临床应用 . 2014. 上海市科技进步一等奖 . 第 1 完成人 .

2. 心肌重构的发生发展、转归及其干预 . 2012. 上海市医学科技二等奖 . 第 1 完成人 .

3. 心肌重构的发生发展和早期防治的研究与临床应用 . 2013. 教育部高等学校科学技术进步二等奖 . 第 1 完成人。

4. 心肌重构发生发展机制研究与临床应用 . 2014. 中华医学科技三等奖 . 第 1 完成人 .

● 学术成就概览

邹云增教授主要从事高血压性心肌肥厚和心衰的发病机制、缺血性心脏病的基因和细胞治疗的基础和临床研究。其学术成就概况如下：

具体包括：

（1）高血压心脏病发病机制的突破性发现：申请人在国际上率先报道了心脏自身产生的血管紧张素Ⅱ及 AT1 受体的作用和机制，而基于此重要发现所开发的 AT1 受体阻断剂（简称 ARB）在临床上得到了广泛的应用并取得了明显的效果。在国际上首次报道了 AT1 受体不依赖于其配体而直接被压力负荷激活引起心肌肥厚的全新概念，并提出只有具有反向激动效应的 ARB 可以抑制压力负荷直接激活的 AT1 受体，阐明了临床上仅是部分 ARB 有效的原因。该研究在英国自然杂志 *Nature Cell Biology* 发表，并被国际顶级杂志 *Nature*，*Science*，*PNAS*，*Circulation* 等大量引用（370 次）。

（2）心脏保护因子的新发现：申请人首次筛选到心脏内源性保护因子热休克转录因子 1（HSF1）能通过抑制心肌细胞死亡、抑制心肌纤维化、促进血管新生，具有心脏保护作用；发现了粒细胞集落刺激因子（G-CSF）能够增强心肌 HSF1 的转录活性，对预防心梗后心肌重构，改善心功能有重要作用。这些研究成果发表在 *Nature Medicine*、*J Mol Cell Cardiol* 等国际顶尖和权威刊物上，对临床防治中加强心脏自身保护机制具有重要的理论指导意义。

（3）申请人率先开展骨髓干细胞治疗心肌梗死（MI）的基础研究，利用细胞因子干预增加骨髓干细胞（MSC）向梗死心肌的迁移及心肌细胞的分化，减少了梗死范围，优化了干细胞治疗的策略（*Circulation* 等）；发现了心肌微环境改变是影响干细胞效果的关键因素（*Stem Cells*）；率先发现了促进诱导多能干细胞（iPS）心肌定向分化的蛋白 Nap1l1（*J Cell Biochem*、*Stem Cells*）。

（4）通过与国外合作，建立了国内第一个、国际最新型高分辨率小动物超声系统，规范了小动物心脏病和心功能评价体系，解决了长期存在的小动物心功能测量误差大、重复性差的难题；引进了侧群干细胞流式细胞分选术，建立规范的实验体系，使该领域研究处于国内领先水平。

在 2014 年获得上海领军人才以来，以追讯作者发表相关 SCI 论文 8 篇，以第 1 完成人获得 2014 年上海市科技进步一等奖，2014 年中华医学科技奖三等奖。

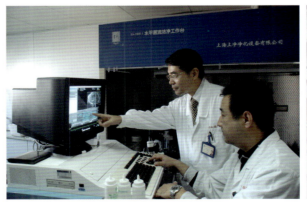

汪 昕

专业

神经病学

专业技术职称

主任医师

工作单位与职务

复旦大学
附属中山医院党委书记，副院长

主要学习经历

1979.09－1984.07 · 第四军医大学军医系　学士
2000.09－2007.01 · 复旦大学神经病学专业　博士

主要工作经历

1984.08－1991.06 · 第四军医大学附属西京医院　住院医师
1991.06－ 至今　　· 复旦大学附属中山医院　主治医师、副主任医师、主任医师
2000.07－2013.12 · 复旦大学附属中山医院神经内科　主任
2006.05－ 至今　　· 复旦大学附属中山医院　副院长
2007.01－ 至今　　· 复旦大学附属中山医院　博士研究生导师
2015.07－ 至今　　· 复旦大学附属中山医院　党委书记

重要学术兼职

2013.06－ 至今　　· 上海市医学会神经内科专科分会　主任委员
2013.10－ 至今　　· 中华医学会神经病学分会　常务委员
2014.12－ 至今　　· 中国抗癫痫协会　常务理事
2015.06－ 至今　　· 中国卒中学会脑血流与代谢分会　主任委员
2015.05－ 至今　　· 卒中预防与控制专业委员会　副主任委员

代表性论文，著作

1. Zhang YW, Huang Y, Liu X, Wang GX, Wang X*, Wang Y. Estrogen suppresses epileptiform activity by enhancing Kv4.2-mediated transient outward potassium currents in primary hippocampal neurons. International Journal of Molecular Medicine, 2015, 36: 865-872. (通讯作者)

2. Peng WF, Wang X*, Hong Z, Zhu GX, Li BM, Li Z, Ding MP, Geng Z, Jin Z, Miao L, Wu LW, Zhan SK. The anti-depression effect of Xylaria nigripes in patients with epilepsy: A multicenter randomized double-blind study. Seizure, 2015, 29: 26-33. (通讯作者)

3. Zuo L, Zhang Y, Xu X, Li Y, Bao H, Hao J, Wang X*, Li G. A retrospective analysis of negative diffusion-weighted image results in patients with acute cerebral infarction. Scientific Reports, 2015, 5: 8910. (通讯作者)

4. Peng WF, Ding J, Li X, Mao LY, Wang X*. Clinical risk factors for depressive symptoms in patients with epilepsy. Acta Neurol Scand, 2014, 129(5): 343-349. (通讯作者)

5. Mao LY, Ding J, Peng WF, Ma Y, Zhang YH, Fan W, Wang X*. Interictal interleukin-17A levels are elevated and correlate with seizure severity of epilepsy patients. Epilepsia, 2013, 54(9): e142-145. (通讯作者)

6. Lin D, Ding J, Liu JY, He YF, Dai Z, Chen CZ, Cheng WZ, Wang H, Zhou J, Wang X*. Decreased Serum Hepcidin Concentration Correlates with Brain Iron Deposition in Patients with HBV-Related Cirrhosis. PLoS ONE, 2013, 8(6): e65551. (通讯作者)

7. Liu JY, Ding J, Lin D, He YF, Dai Z, Chen CZ, Cheng WZ, Wang H, Zhou J, Wang X*. T2* MRI of Minimal Hepatic Encephalopathy and Cognitive Correlates In Vivo. J Magn Reson Imaging, 2013, 37: 179-186. （通讯作者）

8. Ge YX, Liu Y, Tang HY, Liu XG, Wang X*. ClC-2 contributes to tonic inhibition mediated by alpha5 subunit-containing GABA(A) receptor in experimental temporal lobe epilepsy. Neuroscience, 2011, 186: 120-127. （通讯作者）

9. Mao LY, Ding J, Peng WF, Ma Y, Zhang YH, Chen CZ, Cheng WZ, Wang H, Fan W, Wang X*. Disease duration and arcuate fasciculus abnormalities correlate with psychoticism in patients with epilepsy. Seizure, 2011, 20(10): 741-747. （通讯作者）

10. Peng WF, Ding J, Mao LY, Li X, Liang L, Chen CZ, Cheng WZ, Fan W, Wang X*. Increased ratio of glutamate/glutamine to creatine in the right hippocampus contributes to depressive symptoms in patients with epilepsy. Epilepsy Behav, 2013, 19;29(1): 144-149. （通讯作者）

• 重要科技奖项

1. 2013. 第 25 届上海市优秀发明选拔赛优秀发明金奖. 第 1 完成人.
2. 颅外段颈动脉闭塞症的临床调查和外科治疗的研究. 2003. 上海市科学技术进步二等奖. 第 6 完成人.
3. 脑循环动力学理论方法与临床. 2000. 科技进步二等奖. 第 6 完成人.
4. 脑血管疾病脑循环力学特性的应用研究. 2000. 军队科学技术进步三等奖. 第 1 完成人.

• 学术成就概览

汪昕教授从事神经内科医教研工作 30 余年，主要研究方向为癫痫、脑血管病、神经康复。他现为中国卒中学会脑血流与代谢分会主任委员、中华预防医学会卒中预防与控制专业委员会副主任委员，目前正在参与急性缺血性脑血管病的溶栓治疗的多中心临床随机对照研究（"十一五"支撑计划）、动脉粥样硬化性心脑血管疾病的发病机制、早期预警的基础和临床研究["211 工程"重点学科建设项目（三期）]、GCP 新药研制滚动项目等临床与基础相结合课题，通过不懈努力，所在医院目前已经成为国家卫生和计划生育委员会脑卒中筛查与防治基地，上海市脑卒中临床救治中心。

汪昕教授于 1997～1998 年赴美著名癫痫中心（Cleveland Clinic Foundation）进修，师从著名癫痫学者 Hans Luders，主攻癫痫的临床及基础研究。归国后开展并完成姜黄素对癫痫大鼠 γ 氨基丁酸转运体的影响（医学神经生物学国家重点实验室科技部专项基金探索和扶持项目）、PGC-1α 在癫痫线粒体氧化应激和神经损伤中调控作用的研究（二山医院－复旦大学生物医学研究院科研合作基金）、姜黄素的抗癫痫机制研究

及临床应用探索（上海市人才发展资金）PGC-1α 介导的线粒体途径在癫痫中的作用和机制研究（上海市科委重点课题）等多项课题研究，在 *Epilepsia* 等癫痫专科著名杂志上发表多篇 SCI 论文。目前汪昕教授是中国抗癫痫协会常务理事、上海市医学会神经内科分会癫痫及脑电图学组组长，主持肌动蛋白－Cofilin 异常在癫痫后记忆损伤中的作用及机制研究（国家自然科学基金面上项目）、难治性癫痫的发病机制及干预研究（上海市科委重大项目）等研究课题。

汪昕教授积极参与并完成多项脑卒中后康复治疗的规范化方案研究（"十一五"支撑计划）、帕金森病早期诊断指标的研究（2001BA702B02）、并与美国西雅图大学合作进行 NIH 项目内毒素的暴露于帕金森综合征的危险（1R01ES017462-01）等课题，负责多项国际、国内多中心药物 2、3 期临床试验的开展。目前担任 *Nature reviews neurology*（中文版）、*Epilepsia*（中文版）副主编，以及《中华神经科杂志》等多本杂志编委。主持或参与编写《实用内科学》《神经病学》《实用神经病学》等多本专业著作，发表论文 140 余篇，其中 SCI 论文 20 篇。

申请并获得发明专利（ZL 201210231048.4）1 项、实用新型专利（ZL 201420584181.2）1 项。发明专利：一种培养神经元的含酚红无血清培养体系以及酚红新用途获第二十五届上海市优秀发明选拔赛金奖（2013 年）。在临床及科研工作中注重研究生的培养和教学，多次获得中山医院理论授课优秀教师称号、并获得复旦大学教学成果三等奖。

张卫东

专业
药物化学

专业技术职称
教授

工作单位与职务
第二军医大学
药学院天然药化教研室主任、现
代中药研究中心主任

● 主要学习经历

1984.09－1988.07 · 第二军医大学药学院药学专业　学士
1988.09－1991.07 · 第二军医大学药学院天然药化专业　硕士
1995.09－1998.09 · 上海医药工业研究院天然药化专业　博士

● 主要工作经历

1999.09－2003.09 · 第二军医大学药学院天然药化教研室　副教授
2003.09－ 至今 · 第二军医大学药学院天然药化教研室　教授、室主任

● 重要学术兼职

2010－ 至今 · 上海市药学会天然药物化学专业委员会　副主任委员
2010－ 至今 · 第十届国家药典委员会天然药物专业委员会　副主任委员
2012－ 至今 · 世界中医药学会联合会中药化学专业委员会　副会长
2014－ 至今 · 中国药学会中药天然药物专业委员会　副主任委员

● 代表性论文，著作

1. Runhui Liu, Scott Runyon, Tai-Ping Fan, Weidong Zhang. Deciphering Ancient Polypills with ShexiangBaoxin Pill as an Example. Science, 2015, 347(6219): S40-42.
2. Chao Li, Longyang Dian, Weidong Zhang, Xiaoguang Lei. Biomimetic Syntheses of (−)-Gochnatiolides A–C and (−)-Ainsliadimer B. J. Am. Chem. Soc, 2012, 134 (30): 12414-12417.
3. Fu Yang, Shikai Yan, Ying He, Fang Wang, Shuxia Song, Yingjun Guo, Qi Zhou, Yue Wang, Zhongying Lin, Yun Yang, Weidong Zhang, Shuhan Sun. Expression of HBV Proteins in Transgenic Mice Disturbs Liver Lipid Metabolism and Induces Oxidative Stress. Journal of Hepatology, 2008, 48(1): 12-19.
4. Jing Zhao, Peng Jiang and Weidong Zhang. Molecular networks for the study of TCM Pharmacology. Briefings in Bioinformatics, 2010, 11(4): 417-430.
5. Zhenlin Hu, Qing Jiao, Jieping Ding, Fang Liu, Runhui Liu, Lei Shan, Huawu Zeng, Junping Zhang, Weidong Zhang. Berberine induces dendritic cell apoptosis and has therapeutic potential for rheumatoid arthritis. Arthritis Rheum, 2011, 63(4): 949-959.
6. Yi Qu, Runhui Liu, Yaping Hua, Jigang Zhang, Randi Hovland, Mihaela Popa, Biaoyang Lin, Karl A. Brokstad, Anders Molven, Xiaojun Liu, Roland Simon, Emmet McCormack, Weidong Zhang, Anne Margrete Oyan, Karl-Henning Kalland, Xi-Song Ke. Generation of Prostate Tumor-initiating Cells is Associated with Elevation of Reactive Oxygen Species and IL6/STAT3 Signaling. Cancer Research, 2013, 73(23): 7090-7100.
7. Chao Li, Ting Dong, Longyang Dian, Weidong Zhang, Xiaoguang Lei. Biomimetic syntheses and structural elucidation of the apoptosis-inducing sesquiterpenoid trimers: (-)-ainsliatrimers A and B. Chem Sci, 2013, 4(3): 1163-1167.
8. Li X, Yang X, Liu Y, Gong N, Yao W, Chen P, Qin J, Jin H, Li J, Chu R, Shan L, Zhang R, Zhang WD, Wang H. Japonicone A Suppresses Growth of Burkitt Lymphoma Cells through Its Effect on NF-kB. Clin Cancer Res, 2013, 19(11): 2917-2928.
9. Li Liu, Yaping Hua, Dan Wang, Lei Shan, Yuan Zhang, Junsheng Zhu, Huizi Jin, Hong-Lin Li, ZhenLin Hu, WeiDong Zhang.

A Sesquiterpene Lactone from a Medicinal Herb Inhibits Proinflammatory Activity of TNF-a by Inhibiting Ubiquitin-Conjugating Enzyme UbcH5. Chemistry & Biology, 2014, 21(10): 1341-1350.

10. Bo Li, De-Yun Kong, Yun-Heng Shen, Ka-Li Fu, Rong-Cai Yue, Zhu-Zhen Han, Hu Yuan, Qing-Xin Liu, Lei Shan, Hui-Liang Li, Xian-Wen Yang, WeiDong Zhang. Pseudolarenone, an unusual nortriterpenoid lactone with a fused 5/11/5/6/5 ring system featuring an unprecedented bicyclo[8.2.1]tridecane core from Pseudolarix amabilis. Chemical Communications, 2013, 49(12): 1187-1189.

● 重要科技奖项

1. 基于中医药特点的中药样品库的建立与新药研究 . 2010. 国家科技进步二等奖 . 第 1 完成人 .

2. 海战颅脑战创伤关键救治技术 . 2013. 国家科技进步二等奖 . 第 2 完成人 .

3. 基于有效性和安全性的中药质量控制方法的建立及其应用 . 2012. 上海市科技进步一等奖 . 第 1 完成人 .

4. 麝香保心丸的研制、现代研究与临床应用 . 2011. 上海市科技进步一等奖 . 第 2 完成人 .

5. 网络药理学在复杂疾病及中药药理学研究中的应用 . 2014. 重庆市自然科学二等奖 , 第 2 完成人 .

● 学术成就概览

张卫东教授，1966 年生，博士生导师。其现任第二军医大学现代中药研究中心主任、天然药物化学实验室主任，主要从事中药及复方的药效物质基础、天然产物的化学生物学以及创新药物研究，先后荣获国家杰

出青年基金、教育部长江学者特聘教授、求是杰出青年奖、百千万人才工程国家级人选、谈家桢生命科学奖、药明康德生命化学奖、明治乳业生命科学杰出奖、国务院政府特殊津贴、国家科技进步二等奖 2 项（2010，2013）、上海市科技进步一等奖 2 项（2011，2012）等科技奖励。其主持国家"863"基金、国家科技重大专项、国家自然科学基金重点项目以及欧盟第七框架等基金 31 项。担任第十届国家药典委员会天然药物专业委员会副主任委员、世界中医药规范研究学会联合主席、世界中医药学会联合会中药化学专业委员会副理事长、欧洲中医药文化促进会荣誉会长、中国药学会中药及天然药物专业委员会副主任委员、上海市药学会天然药物化学专业委员会副主任委员、国家中药标准化工程中心副主任、上海活性天然产物制备工程中心主任、《中国药典》（英文版）副主编、国家食品药品监督管理局新药评审委员。目前其担任 *Journal of Pharmaceutical and Biochemical Analysis* 等多本重要国际学术期刊的编委，已经在 *JACS*、*Org Lett*、*Chem Comm* 等国际杂志发表 SCI 论文 450 多篇，IF>5 分 50 多篇，他引 2 700 多次；已获授权国内发明专利 41 项，国际发明专利 7 项；获新药证书 3 项。

陆树良

专业
外科学

专业技术职称
教授，研究员

工作单位与职务
上海交通大学医学院 附属瑞金医院，上海市烧伤研究所 所长

● 主要学习经历

1978.09–1983.07 · 上海第二医科大学儿科系　学士
1985.09–1988.07 · 上海第二医科大学烧伤外科　硕士
1988.09–1991.07 · 上海第二医科大学烧伤外科　博士

● 主要工作经历

1983.08–1985.08 · 上海市闸北区中心医院儿科
1988.08–1990.10 · 瑞金医院烧伤科　住院医生
1990.11–1993.11 · 瑞金医院烧伤科　主治医生
1993.12–1998.01 · 瑞金医院上海市烧伤研究所　副研究员
1998.01–1998.11 · 瑞金医院上海市烧伤研究所　副所长 副研究员
1998.12–2011.06 · 瑞金医院上海市烧伤研究所　副所长、教授、硕导、博导
2004.06–2011.03 · 上海交通大学医学院科技处　副处长、主持工作副处长
2011.06– 至今 · 瑞金医院上海市烧伤研究所　所长、教授、硕导、博导
　　　　　　　　　上海市创面修复研究中心　主任

● 重要学术兼职

2013–2016 · 《中华创伤杂志》　副总编辑
2014–2017 · 中国医师协会创伤外科医师分会　会长
2014–2017 · 中华医学会创伤学分会　副主任委员
2014–2017 · 中华医学会组织修复与再生分会　顾问
2015–2018 · 中国医疗保健国际交流促进会糖尿病足分会　副主任委员

● 代表性论文，著作

1. 陆树良，谢挺，牛轶雯 . 创面难愈机制研究——糖尿病皮肤的"微环境污染". 中华烧伤杂志，2008, 24(1): 3-5.
2. 陆树良 . 加强创面修复专科的内涵建设 . 中华烧伤杂志，2012, 28(1): 1-2.
3. Yingkai Liu, Yuzhi Jiang, Xiqiao Wang, Zhigang Mao, Bo Yuan, Zhiyong Wang, Jun Xiang, Shuwen Jin, Chun Qing, Shuliang Lu. Initiating scar formation: The Dermal "Template defect" Theory. Regenerative Medicine in China, S. Sanders Ed, 2012, 56-57.
4. Wang ZY, Wei J, Yuan B, Wang XQ, Liu YK, Dong JY, Song F, Jiang YZ, Lu SL.The change of break modulus drives human fibroblast differentiation in 3D collagen gels. Front Biosci (Landmark Ed), 2014, 19: 727-733.
5. Jiang Y, Lu S. Exploring the dermal "template effect" and its structure. Mol Biol Rep, 2013, 40(8): 4837-4841
6. Miao M, Niu Y, Xie T, Yuan B, Qing C, Lu S. Diabetes-impaired wound healing and altered macrophage activation: a possible pathophysiologic correlation. Wound Repair Regen, 2012, 20(2): 203-213.

7. Yuzhi Jiang, Guifu Ding, Shuliang Lu. Behavior of dermal fibroblasts on microdot arrays yield insight into wound healing mechanisms. Mol Biol Rep, 2011, 38: 387-394.

8. Xie Ting, Wu Minjie, Liu Hu, Niu Yiwen, Chen Hua, Zheng Tao, Ge Min, Feng Jianggang, Lu Shuliang. Application of Telemedicine System With 4G and High-resolution Video in Diagnosis and treatment of Wound between Wound Healing Department and Community Health Care Center in China. Int J Low Extrem Wounds, 2011, 10(3): 167-168.

9. Ting Xie, Shuliang Lu, Rajgopal Mani. Diabetic foot infection in the world: We need ways forward. Int J Low Extrem Wounds, 2010, 9(1): 3-5.

10. Yuan B, Wang X, Wang Z, Wei J, Qing C, Lu S. Comparison of fibrogenesis caused by dermal and adipose tissue injury in an experimental model. Wound Repair Regen, 2010, 18(2): 202-210.

● 重要科技奖项

1. 中国人体表慢性难愈合创面发生新特征与防治的创新理论与关键措施研究．2015．国家科技进步一等奖．第3完成人．

2. 严重烧伤一体化救治新技术的研究与应用．2012．国家科技进步二等奖．第4完成人．

● 学术成就概览

陆树良教授长期致力于创面愈合的转化研究和临床实践的探索，逐步形成了以创面愈合为研究特色的学科发展体系，在创面修复领域形成了一定的系列性和规模性优势：

率先开展了深二度创面进行性加深机制的基础与临床研究，提出了"伤后24小时内削痂防治深二度创面进行性加深"的手术新方案，不仅减少了并发症的发生，而且缩短了创面愈合时间，提高床位周转率，降低医疗费用、提高了愈合质量。

近10余年来，聚焦于烧伤合并糖尿病难愈创面和疤痕过度增生，研究工作向创面愈合"失控"的发生机制延伸。

发现糖尿病皮肤由于糖代谢异常在形成创面之前已经存在着组织学和细胞功能学的异常，从而提出了糖尿病皮肤组织"隐性损害"的概念；发现糖尿病皮肤组织糖含量增高和AGEs蓄积是皮肤组织细胞、细胞外基质和生长因子改变的重要环境介质，通过改变皮肤微环境，始动性地介导了糖尿病皮肤的生物学异常，并在创伤后持续地影响着创面愈合的各个环节，最终导致创面愈合延迟或不愈，从而提出了皮肤"微环境污染"学说。该学说为形成新的、有别于传统的血管/神经原医导致的糖尿病难愈创面的病理分型奠定了基础。

针对增生性瘢痕形成机制，明确了真皮组织的"模板效应"，而真皮组织的完整性、连续性是其充分发挥"模板效应"的必要前提。创伤引起的真皮组织完整性、连续性的破坏以致真皮"模板作用"的缺失是影响修复细胞功能、导致瘢痕形成的重要机制，从而明确了瘢痕形成的始动因素，提出了瘢痕形成机制的"真皮模板缺损"学说

为应对疾病谱的变化和慢性创面发生率急剧增高的需求，作为我国创面修复专科建设的主要推动者之一，牵头组织上海市六家优势单位开展创面修复专科的建设，构建了基层医疗与专科医院双向联动的慢性创面就医新模式。并率先以TD-LTE（4G）的高清视频网络技术为手段，使得创面修复专科医生可以通过高清视频实时了解和指导基层医院的创面诊治该模式实现了单病种纵向医疗资源整合，为我国创面修复专科的建设起到了示范作用。同时，陆与团队成员一起组建了全国创面修复联盟，制定我国的创面修复临床指南，开办创面修复培训班70多期，协助兄弟全国单位创办创面修复专科67家。

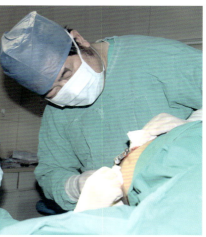

2014年起针对浙江省抗战期间疑似细菌武器导致的"烂脚病"受害者进行了治疗，探索出了"局麻+纤维板切除+取头皮覆盖创面"的治疗方案，该方案安全、有效，具有可推广性，目前已将这一技术推广至金华和衢州的治疗点，现已治愈患者60余例。2015年8月在浙江金华召开了经验总结会，向抗战胜利70周年献礼。

陈海泉

专业

外科学

专业技术职称

教授，主任医师

工作单位与职务

复旦大学
附属肿瘤医院胸部肿瘤多学科首
席专家、肺癌防治中心主任、微
创外科治疗中心主任

• 主要学习经历

1988.09−1992.07 • 上海医科大学　博士

1980.09−1985.06 • 上海第二军医大学　学士

2004.09−2006.08 • 上海交通大学安泰管理学院　EMBA

• 主要工作经历

1980.09−1985.06 • 上海第二军医大学海医系

1985.07−1988.08 • 上海第二军医大学附属长征医院胸心外科　住院医师

1988.09−1992.07 • 上海医科大学　研究生

1992.08−1994.11 • 上海第二军医大学附属长征医院胸心外科　主治医师

1994.12−2000.12 • 上海第二军医大学附属长征医院胸心外科　副主任医师、硕导

1997.10−1999.11 • 美国波特兰 St.Vincent 医学中心心脏外科　Fellow

2001.03−2007.05 • 上海交通大学附属第六人民医院胸心外科　主任、教授、博导

2007.06− • 复旦大学附属肿瘤医院　胸外科主任、教授、博导、胸部肿瘤多学科诊治组首席专家、复旦
大学肺癌防治中心主任

2011.04−2014.09 • 复旦大学附属肿瘤医院　医疗副院长

2014.09−2016.03 • 上海胸科医院　院长

• 重要学术兼职

2011.05−2015.06 • 美国胸外科学会（AATS）　会员

2016− • 美国胸外科学会（AATS）　会员发展委员会委员

2013−2016 • 美国胸外科学会（AATS）　Focus on Thoracic Surgery Faculty Member

2016 • 美国胸外科学会 AATS　Focus on Thoracic Surgery: 2016 CHINA 主席

2004.01− • 美国胸外科医师协会（STS）　国际理事（2016—2018 年），两界国际部委员（2011—2013 年，
2014—2016 年）

2015− • 欧洲胸外科医师协会（ESTS）　会员

2016− • 亚洲胸心血管外科协会 ASCVTS　理事

2010− • 中国医师协会胸外科分会　常务委员

2012.12− • 上海市抗癌协会胸部肿瘤委员会　主任委员

• 代表性论文，著作

1. Liu S, Wang R, Zhang Y, Li Y, Cheng C, Pan Y, Xiang J, Zhang Y, Chen H*, Sun Y*. Precise Diagnosis of Intraoperative Frozen Section Is
an Effective Method to Guide Resection Strategy for Peripheral Small-Sized Lung Adenocarcinoma. J Clin Oncol, 2016, 34(4):307-313.

2. Li F, Han X, Li F, Wang R, Wang H, Gao Y, Wang X, Fang Z, Zhang W, Yao S, Tong X, Wang Y, Feng Y, Sun Y, Li Y, Wong KK, Zhai Q, Chen H*, Ji H*. LKB1 Inactivation Elicits a Redox Imbalance to Modulate Non-small Cell Lung Cancer Plasticity and Therapeutic Response. Cancer Cell, 2015, 27(5): 698-711.

3. Rui Wang, Lei Wang, Yuan Li, Haichuan Hu, Lei Shen, Xu-Xia Shen, Yunjian Pan, Ting Ye, Yang Zhang, Xiaoyang Luo, Yiliang Zhang, Bin Pan, Bin Li, Hang Li, Jie Zhang, William Pao, Hongbin Ji, Yihua Sun, and Haiquan Chen*. FGFR1/3 tyrosine kinase fusions define a unique molecular subtype of Non-small Cell Lung Cancer. Clin Cancer Res, 2014, 20(15): 4107-4114.

4. Zhang J, Garfield D, Jiang Y, Wang S, Chen S, Chen H*. Does sex affect survival of squamous cell esophageal cancer patients? J Clin Oncol, 2013, 31: 815-816.

5. Rui Wang, Haichuan Hu, Yihua Sun, Haiquan Chen* et al. RET fusions define a unique molecular and clinicopathologic subtype of non-small-cell lung cancer. J Clin Oncol, 2012, 30: 4352-4359.

6. Zhang Y, Sun Y, Pan Y, Li C, Shen L, Li Y, Luo X, Ye T, Wang R, Hu H, Li H, Wang L, Pao W, Chen H*. Frequency of driver mutations in lung adenocarcinoma from female never-smokers varies with histological subtypes and age at diagnosis. Clin Cancer Res, 2012, 18(7): 1947-1953.

7. Wang R, Pan Y, Li C, Chen H* et al. The Use of Quantitative Real-Time Reverse Transcriptase PCR for 5' and 3' Portions of ALK Transcripts to Detect ALK Rearrangements in Lung Cancers. Clin Cancer Res, 2012, 18(17): 4725-32.

8. Sun Y, Ren Y, Fang Z, Li C, Fang R, Gao B, Han X, Tian W, Pao W*, Chen H*, Ji H*. Lung Adenocarcinoma From East Asian Never-Smokers Is a Disease Largely Defined by Targetable Oncogenic Mutant Kinases. J Clin Oncol, 2010, 28(30): 4616-4620.

9. Ye T, Chen H*, Hu H, Wang J, Shen L. Malignant clear cell sugar tumor of the lung: Patient case report. JCO, 2010, 29: 6939.

10. Fei Li, Yan Feng, Rong Fang, Zhaoyuan Fang, Jufeng Xia, Xiangkun Han, Haiquan Chen*, Hongyan Liu*, Hongbin Ji*. Identification of RET gene fusion by exon array analyses in "pan-negative" lung cancer from never smokers. Cell Res, 2012, 22(5): 928-931.

重要科技奖项

1. 肺腺癌的分子分型及临床引用 . 2013. 上海科学技术二等奖，排名第 1.
2. 肺腺癌分子生物标志的转化性研究 . 2011. 上海医学科技二等奖，排名第 1.

学术成就概览

陈海泉教授长期专注于现代化胸外科的学科建设，在临床医疗，转化性科研，人才培养等方面成效卓著。研究成果为提升医学界对肺癌功能基因组学特征和规律的认识作出了重要贡献。

陈教授根据临床需求以及学科发展方向，建立了较为成熟的肺癌转化性研究联合实验室，质量控制严格的肺癌组织库，以及目前国内最大的肺癌原代细胞培养 Cell Line。以此为基础，为中国人群肺癌的分子分型提供了独立自主的代表性数据，优化了关键技术，在强调规范的同时降低技术

门槛，推动了分子分型的普及。自获得上海市领军人才荣誉以来，相关研究成果揭示了肺癌驱动基因突变在腺鳞癌及鳞癌中的分布规律；*ROS1*，*ALK*，*RET* 等几种常见致癌基因融合变异与肺腺癌患者的各临床病理特征之间的联系；*FGFR1/3* 融合基因与吸烟肺癌的关联性；*EGFR Exon 20* 插入突变和 *PIKCA* 突变与相关信号传导通路蛋白表达间的关系。在临床研究方面，有关术中冰冻病理结果对手术方式影响的研究发表在 *Journal of Clinical Oncology*，关于肺腺癌微乳头亚型，实体亚型与临床及预后相关性的研究也分别发表在 *Journal of Thoracic Oncology*，*Scientific Report* 等主流杂志。此外关于肺癌跳跃性 N2 转移临床意义，多原发肺癌临床病理及分子特征以及术前气管镜检查对肺癌手术方式的影响等一系列研究也都发表在 *Journal of Thoracic and Cardiovascular Surgery* 及 *Annals of Surgical Oncology* 等外科专业期刊。陈教授领衔开展的食管癌 Ivor-Lewis 术式对比 Sweet 术式前瞻性随机对照三期临床研究也已完成受试者入组，围术期统计数据获得国际同行广泛关注，初步研究结果在 *JAMA Surgery* 已经发表。

近年来，陈教授作为第一作者或通讯作者在 *Cancer Cell*、*JCO*、*CCR*、*Cancer*、*JTCVS*、*Annals of Thoracic Surgery* 等学术期刊上发表 SCI 收录论文百余篇，影响因子累计达 310。荣获上海科技进步二等奖 2 项、军队医疗成果二等奖 1 项、上海医学科技二等奖 1 项。

人才培养方面，陈教授带领胸外科团队获得成功，多位医生分别在 AATS，CHEST，STS，ESTS，EACTS 等国际学术会议上发言 10 余次，近年来共取得 14 项国家自然科学基金。2014 年培养一名学生获得国家自然科学基金——优秀青年项目；2014 年培养一名学生获第 94 届美国胸心外科年会普胸组会议发言评奖第一名，成为首次获此殊荣的中国参赛者。2012 年培养一名学生获美国胸科医师协会（ACCP）颁发的阿尔弗雷德·索弗研究奖；目前已塑造出了令国内胸外科学界瞩目的人才梯队。

在国际交流方面，陈海泉教授作为 AATS（American Association for Thoracic Surgery，美国胸外科学会）会员及会员发展委员会委员、STS（The Society of Thoracic Surgeons 美国胸外科医师协会）会员及两届国际关系部委员（2011−2013、2014−2016）理事会成员（International Member of the Board of Directors）、ESTS（European Society of Thoracic Surgeons 欧洲胸外科医师协会）会员以及美国 ACCP（American College of Chest Physicians）资深会员（FCCP），曾多次受邀到 UPMC，MGH 及 MSKCC 等美国知名医院授课；2013 年、2014 年、2015 年连续 3 年作为唯一应邀的中国学者参加美国胸外科学会 AATS Focus 论坛。2016 年作为共同主席参加 AATS 年会。向世界介绍肺癌、食管诊治的中国经验，以中国数据发出中国声音，展示出中国学者的学术视野及专注精神，获得了国际同行的认可。

范存义

专业

外科学

专业技术职称

主任医师

工作单位与职务

上海市第六人民医院 / 上海交通大学
附属第六人民医院副院长

● 主要学习经历

1982.08–1987.07 · 泰山医学院医疗系临床医学　学士
1991.08–1994.08 · 上海医科大学研究生院外科学　硕士
1996.08–1999.05 · 上海医科大学研究生院外科学　博士

● 主要工作经历

1987.08–2001.07 · 泰山医学院附属医院　住院医师
1994.08–1999.11 · 上海市第六人民医院 / 上海交通大学附属第六人民医院　主治医师
1999.12–2003.11 · 上海市第六人民医院 / 上海交通大学附属第六人民医院　副主任医师
2003.12– 至今　 · 上海市第六人民医院 / 上海交通大学附属第六人民医院　主任医师

● 重要学术兼职

2007.05– 至今　 · 中华医学会手外科学分会　常务委员
2005.03– 至今　 · 上海市医学会手外科专科委员会　副主任委员
2008.03– 至今　 · 《中国上肢外科杂志》　副总编辑
2006.07– 至今　 · 《中华手外科杂志》　编委
2011.04– 至今　 · 《中华创伤骨科杂志》　编委

● 代表性论文，著作

1. Liu S, Zhao J, Ruan H, Tang T, Liu G, Yu D, Cui W, Fan C. Biomimetic sheath membrane via electrospinning for antiadhesion of repaired tendon. Biomacromolecules, 2012, 13(11): 36119.
2. Yan H, Gao W, Pan Z, Zhang F, Fan C. The expression of α-SMA in the painful traumatic neuroma: potential role in the pathobiology of neuropathic pain. J Neurotrauma, 2012, 29(18): 2791-2797.
3. Liu S, Qin M, Hu C, Wu F, Cui W, Jin T, Fan C. Tendon healing and anti-adhesion properties of electrospun fibrous membranes containing bFGF loaded nanoparticles. Biomaterials, 2013, 34(19): 4690-4701.
4. Ouyang Y, Huang C, Zhu Y, Fan C, Ke Q. Fabrication of seamless electrospun collagen/PLGA conduits whose walls comprise highly longitudinal aligned nanofibers for nerve regeneration. J Biomed Nanotechnol, 2013, 9(9): 931-943.
5. Yan H, Liu S, Gao W, Li Z, Chen X, Wang C, Zhang F, Fan C. Management of degloving injuries of the foot with a defatted full-thickness skin graft. J Bone Joint Surg Am, 2013, 95(18): 1675-1681.
6. Liu S, Hu C, Li F, Li XJ, Cui W, Fan C. Prevention of peritendinous adhesions with electrospun ibuprofen-loaded poly(L-lactic acid)-polyethylene glycol fibrous membranes. Tissue Eng Part A, 2013, 19(3-4): 529-537.
7. Jiang S, Zhao X, Chen S, Pan G, Song J, He N, Li F, Cui W, Fan C. Down-regulating ERK1/2 and SMAD2/3 phosphorylation by physical barrier of celecoxib-loaded electrospun fibrous membranes prevents tendon adhesions. Biomaterials, 2014, 35(37): 9920-9929.
8. Zhao X, Jiang S, Liu S, Chen S, Lin ZY, Pan G, He F, Li F, Fan C, Cui W. Optimization of intrinsic and extrinsic tendon

healing through controllable water-soluble mitomycin-C release from electrospun fibers by mediating adhesion-related gene expression. Biomaterials, 2015, 61: 61-74.

9. Pan G, Liu S, Zhao X, Zhao J, Fan C, Cui W. Full-course inhibition of biodegradation-induced inflammation in fibrous scaffold by loading enzyme-sensitive prodrug. Biomaterials, 2015, 53: 202-210.

10. Huang C, Ouyang Y, Niu H, He N, Ke Q, Jin X, Li D, Fang J, Liu W, Fan C, LinT. Nerve guidance conduits from aligned nanofibers: improvement of nerveregeneration through longitudinal nanogrooves on a fiber surface. ACS Appl Mater Interfaces, 2015, 7(13): 7189-7196.

● 重要科技奖项

1. 肘关节功能障碍的治疗方案优化与相关基础研究. 2013. 上海医学科技二等奖. 第1完成人.

2. 肘关节功能障碍和组织粘连防治新技术建立与相关基础研究. 2014. 高等学校科学研究优秀成果科技进步二等奖. 第1完成人.

3. 肘关节功能障碍和组织粘连防治新技术建立与相关基础研究. 2014. 中华医学科技二等奖. 第1完成人.

4. 肘关节功能障碍和组织粘连防治新技术建立与相关机理. 2014. 华夏医学科技三等奖. 第1完成人.

5. 肢体创伤后组织粘连的发生发展机制及治疗策略. 2014. 上海市科技进步一等奖. 第1完成人.

● 学术成就概览

范存义教授长期从事骨科学专业的临床与基础研究，擅长肢体复杂创伤，周围神经损伤及骨髓炎的治疗，在肢体骨不等长与骨不连、骨外露、腕与手部疾患的治疗，特别是肘关节僵硬的治疗方面积累了丰富的经验。在肘关节创伤及功能障碍的防治方面建立了自己独特的理论，形成了国内最大的肘关节功能障碍的诊治平台，诊治患者超过1 000例，获得显著疗效。在国内率先采用"依型量级""双柱理论"及"按需重建"等治疗理念治疗骨质疏松性肱骨远端骨折、桡骨头骨折、恐怖三联征等肘关节周围复杂损伤，提高了疗效，受到国际同行的关注。在香港国际肘关节创伤学习班、国际肩肘外科峰会、COA学术年会等做特邀报告20余次，相关技术在20家二级以上医院得到推广应用，专题纪录片《赛车手之梦》在央视科教频道《科技之光》播出，为广大肘关节功能障碍的患者带来福音。

在此基础上，范存义教授以开拓创新的思路，以临床问题为出发点，深入开展生物材料在肌腱粘连防治、周围神经再生等领域的的研究，设计并构建多种高效防止肌腱粘连的有效措施，并通过载药缓释研究，证实促进周围神经再生的同时，可以减轻神经瘤发生与疼痛的作用，拓展了生物材料的适用领域，为成果转化奠定了理论基础，研究成果得到国际同行的高度评价。

以上临床和科研成果得到了国内外同行和社会的广泛认可。作为项目负责人，范存义教授承担国家自然科学基金面上项目、上海市科委项目基础重点等市部级以上课题10余项。作为第一、通讯作者发表论著100余篇，其中，SCI论文62篇，总影响因子177.289分。2013年先后获得中华医学二等奖、高等学校科学研究优秀成果奖科技进步二等奖、华夏医学科技三等奖、上海医学科技二等奖等。2014年成功入选上海市优秀学术带头人计划与上海领军人才培养计划。自获得领军人才以来，范存义教授在肘关节功能障碍与组织粘连防治等领域开展了进一步的研究，发表SCI论文20篇，最高影响因子8.557分，影响因子累计71.11分，其中多篇论文发表在生物材料领域顶级杂志 *Biomaterials*，并获得2014年上海市科技进步一等奖。

周文浩

专业
儿科学

专业技术职称
主任医师

工作单位与职务
复旦大学
附属儿科医院副院长

主要学习经历

1986.09−1991.07 · 江西医学院　学士
1994.09−1997.07 · 上海第二医科大学　医学硕士
1998.09−2001.07 · 复旦大学　医学博士

主要工作经历

1991.07−1994.08 · 江西上饶地区医院　住院医师、主治医师
2001.07− 至今　 · 复旦大学儿科医院　主治医师、副主任医师、主任医师

重要学术兼职

2013.06− 至今 · 中华医学会儿科分会新生儿学组　副组长
2011.03− 至今 · 中国医师协会新生儿神经专委会　副主委
2015.09− 至今 · 中国医师协会住院医师规范化培训儿科专业委员会　副主委
2014.11− 至今 · 上海生物医学工程学会新生儿分会　主委

代表性论文，著作

1. Chen C, Wang M, Zhu Z, Qu J, Xi X, Tang X, Lao X, Seeley E, Li T, Fan X, Du C, Wang Q, Yang L, Hu Y, Bai C, Zhang Z, Lu S, Song Y, Zhou W. Multiple gene mutations identified in patients infected with influenza A (H7N9) virus. Sci Rep, 2016, (6): 25614.
2. Chen Y, Xiong M, Dong Y, Haberman A, Cao J, Liu H, Zhou W, Zhang SC. Chemical Control of Grafted Human PSC-Derived Neurons in a Mouse Model of Parkinson's Disease. Cell Stem Cell, 2016, 18(6): 817-826.
3. Lyu Jing-Wen, Yuan Bo, Cheng Tian-Lin, Qiu Zi-Long, Zhou, Wen-Hao. Reciprocal regulation of autism-related genes MeCP2 and PTEN via microRNAs. Scientific Reports, 2016, 6: 20392-20392. (通讯作者)
4. Lyu J, Yu X, He L, Cheng T, Zhou J, Cheng C, Chen Z, Cheng G, Qiu Z, Zhou W. The protein phosphatase activity of PTEN is essential for regulating neural stem cell differentiation. Mol Brain, 2015, 8(1): 1-8. (通讯作者)
5. Liu Zhen, Li Xiao, Zhang Jun-Tao, Cai Yi-Jun, Cheng Tian-Lin, Cheng Cheng, Wang, Yan, Zhang Chen-Chen, Nie Yan-Hong, Chen, Zhi-Fang, Bian Wen-Jie, Zhang Ling, Xiao Jianqiu, Lu Bin, Zhang Yue-Fang, Zhang Xiao-Di, Sang Xiao, Wu Jia-Jia, Xu, Xiu, Xiong Zhi-Qi, Zhang Feng, Yu Xiang, Gong Neng, Zhou Wen-Hao, Sun Qiang, Qiu, Zilong. Autism-like behaviours and germline transmission in transgenic monkeys overexpressing MeCP2. Nature, 2016, 530(7588): 98-102.
6. Xin YJ, Yuan B, Yu B, Wang YQ, Wu JJ, Zhou WH, Qiu Z. Tet1-mediated DNA demethylation regulates neuronal cell death induced by oxidative stress. Sci Rep, 2015, 5: 7645. (通讯作者)
7. Xuelian He, Liguo Zhang, Ying Chen, Marc Remke, David Shih, Fanghui Lu, Haibo Wang, Yaqi Deng, Yang Yu, Yong Xia6, Xiaochong Wu, Vijay Ramaswamy, Tom Hu, Fan Wang, Wenhao Zhou, Dennis K Burns, Se Hoon Kim, Marcel Kool, Stefan M Pfister, Lee S Weinstein, Scott L Pomeroy, Richard J Gilbertson, Joshua B Rubin, Yiping Hou, Robert Wechsler-Reya, Michael D Taylor & Q Richard Lu. The G protein α subunit Gαs is a tumor suppressor in Sonic hedgehog driven medulloblastoma. Nat Med, 2014, 20(9): 1035-1042.

8. Yang L, Shen C, Mei M, Zhan G, Zhao Y, Wang H, Huang G, Qiu Z, Lu W, Zhou W. De novo GLI3 mutation in esophageal atresia: Reproducing the phenotypic spectrum of Gli3 defects in murine models. Biochim Biophys Acta, 2014, 1842(9): 1755-1761. (通讯作者)

9. Xiong M, Chen LX, Ma SM, Yang Y, Zhou WH. Effects of hypothermia on oligodendrocyte precursor cell proliferation, differentiation and maturation followinghypoxia ischemia in vivo and in vitro. Experimental Neurology, 2013, 247, 720-729. (共同通讯作者)

10. Zhou WH, Cheng GQ, Shao XM, Liu XZ, Shan RB, Zhuang DY, Zhou CL, Du LZ, Cao Y, Yang Q, Wang LS; China Study Group. Selective head cooling with mild systemic hypothermia after neonatal hypoxic-ischemic encephalopathy: a multicenter randomized controlled trial in China. J Pediatr, 2010, 157(3): 367-372, 372.e1-3.

● 重要科技奖项

1. 新生儿脑病诊治技术的创建与临床应用 . 2014. 中华医学二等奖 .
2. 新生儿脑病防治的基础与临床研究 . 2013. 上海市科技进步二等奖 .
3. 亚低温治疗新生儿缺氧缺血性脑病新技术创建、应用与推广 . 2012. 教育部科技进步二等奖 .
4. 第七届宋庆龄儿科医学奖 . 2012. 宋庆龄基金会 .

● 学术成就概览

　　周文浩博士，主任医师，博士生导师，从事儿科新生儿临床医疗教学科研工作 25 年，在新生儿脑损伤防治策略研究、转化应用和适宜技术推广方面开展了一系列卓有成效的工作，在国内首先开发了脑功能振幅整合脑电图监测新生儿脑损伤、亚低温治疗新生儿缺氧缺血性脑病等新技术。

　　获得领军人才以来，提出新生儿神经重症监护单元的理论，开展新生儿脑病早期生物标志物监测（遗传分子基因、代谢谱、脑电生理、影像学等）、脑保护治疗新技术（多模态干预、EPO 联合亚低温、脐血干细胞移植）和脑损伤高危新生儿早期评估干预的整合医疗模式和临床转化研究。建立新生儿出生缺陷生物样本库（各类罕见危重新生儿疾病样本 6 000 余例），在国内首先开发并临床应用儿童 / 新生儿遗传性疾病 MLPA、aCGH、NGS 序贯性诊断新技术，研发出应用于儿童罕见病的 WES 复旦分析流程，开展临床诊断应用 5 914 例，优化了复杂疑难危重病的诊疗策略，成为儿童精准医疗临床实践的范式。

　　获得领军人才以来，培养研究生 15 名，出版学术专著 3 部，专利 1 项，发表 SCI 文章 18 篇（其中 IF>5，6 篇）。开展全国性的继续教育培训班 8 期次，推动新生儿脑病治疗适宜技术、新生儿的基层应用与推广；为西

藏自治区、新疆维吾尔自治区、云南省、贵州省等地区新生儿医护人员开展专题技术培训 6 期次，培训人员 50 余名。

周彩存

专业

肿瘤学

专业技术职称

主任医师

工作单位与职务

同济大学
附属上海市肺科医院

● 主要学习经历

1979.09—1984.07 · 南通医学院　学士
1984.09—1987.07 · 蚌埠医学院　硕士
1998.09—2001.07 · 中国医科大学　博士

● 主要工作经历

1987—1990	· 蚌埠医学院附院　住院医师
1990—1991	· 日本国立东京病院　研究员
1990—1995	· 蚌埠医学院附院　主治医师
1992—1998	· 蚌埠医学院附院　副主任
1994—1995	· 日本国立东京病院　特约研究员
1995—1998	· 蚌埠医学院附院　副主任医师、副教授、科副主任
1998— 至今	· 同济大学附属上海市肺科医院　肿瘤科主任、主任医师、教授、博士生导师
2002	· 美国安德森癌症研究中心　访问学者

● 重要学术兼职

2016— 至今	· 中国医促会胸部肿瘤分会　主任委员
2016— 至今	· 上海抗癌协会肺癌分子靶向与免疫治疗专业委员会　主任委员
2016— 至今	· 中国抗癌协会肺癌专业委员会　副主任委员
2013— 至今	· 国际肺癌协会研究会（IASLC）教育委员会和戒烟预防委员会　委员
2013— 至今	· 中国医学生物免疫学会　常委

● 代表性论文，著作

1. Zhou C, Wu YL, Chen G, et al. BEYOND: A Randomized, Double-Blind, Placebo-Controlled, Multicenter, Phase Ⅲ Study of First-Line Carboplatin/Paclitaxel Plus Bevacizumab or Placebo in Chinese Patients With Advanced or Recurrent Nonsquamous Non-Small-Cell Lung Cancer. J Clin Oncol, 2015, 33(19): 2197-2204. (第一作者)
2. Cai W, Lin D, Wu C, et al. Intratumoral Heterogeneity of ALK-Rearranged and ALK/EGFR Coaltered Lung Adenocarcinoma. J Clin Oncol, 2015, 33(32): 3701-3709. (通讯作者)
3. Zhou C, Wu Y L, Chen G, et al. Erlotinib versus chemotherapy as first-line treatment for patients with advanced EGFR mutation-positive non-small-cell lung cancer (OPTIMAL, CTONG-0802): a multicentre, open-label, randomised, phase 3 study. Lancet Oncol, 2011, 12(8): 735-742. (第一作者)
4. Zhao S, Jiang T, Zhang L, Yang H, Liu X, Jia Y, Zhou C. Clinicopathological and prognostic significance of regulatory T cells in patients with non-small celllung cancer: A systematic review with meta-analysis. Oncotarget, 2016, (24): 36065-36073. (通讯作者)

5. Wang Y, Zhang J, Gao G, Li X, et al. EML4-ALK Fusion Detected by RT-PCR Confers Similar Response to Crizotinib as Detected by FISH in Patients with Advanced Non-Small-Cell Lung Cancer. J Thorac Oncol, 2015, 10(11): 1546-1552. (通讯作者)

6. Zhou C, Wu YL, Chen G, Feng J, et al. Final overall survival results from a randomised, phase Ⅲ study of erlotinib versus chemotherapy as first-line treatment of EGFR mutation-positive advanced non-small-cell lung cancer (OPTIMAL, CTONG-0802). Ann Oncol, 2015, 26(9): 1877-1883. (第一作者)

7. Cheng N, Cai W, Ren S, Li X, Wang Q, Pan H, Zhao M, Li J, Zhang Y, Zhao C, Chen X, Fei K, Zhou C, Hirsch FR. Long non-coding RNA UCA1 induces non-T790M acquired resistance to EGFR-TKIs by activating the AKT/mTOR pathway in EGFR-mutant non-small cell lung cancer. Oncotarget, 2015, 6(27): 23582-23593. (通讯作者)

8. Jiang T, Su C, Li X, Zhao C, Zhou F, Ren S, Zhou C, Zhang J. EGFR TKIs plus WBRT Demonstrated No Survival Benefit Other Than That of TKIs Alone in Patients with NSCLC and EGFR Mutation and Brain Metastases. J Thorac Oncol, 2016, 11(10): 1718-1728. (通讯作者)

9. Zhou F, Zhou C. Necitumumab for patients with non-squamous NSCLC: uninspiring results. Lancet Oncol, 2015, 16(3): 246-247. (通讯作者)

10. Zhou F, Chen X, Zhou C. Epidermal growth factor receptor tyrosine kinase inhibitors in patients with EGFR wild-type lung cancer: when there is a target, there is a targeted drug. J Clin Oncol, 2015, 33(5): 523-524. (通讯作者)

重要科技奖项

1. 分子标记物指导下晚期非小细胞肺癌个体化治疗的应用. 2012. 上海市医学科技一等奖. 第 1 完成人.

2. 分子标记物指导下晚期非小细胞肺癌个体化治疗的应用. 2014. 中华医学科技二等奖. 第 1 完成人.

3. 晚期非小细胞肺癌个体化诊疗技术的建立及其应用. 2014. 华夏医学科技一等奖. 第 1 完成人.

学术成就概览

周彩存教授一直致力于肺癌个体化治疗、靶向治疗、综合治疗、耐药机制等方面的研究。先后承担国家 863、国家自然科学基金、上海市科委重大攻关课题多项。在国内外刊物上发表论著 200 余篇，包括 *Lancet Oncology*、*JCO*、*Annals of Oncology*、*JTO*、*Cancer*、*Oncotarget*、*IJC* 等肿瘤领域知名杂志，影响因子 200 余分，引用频次 2 000 余次。主编主译专著 4 部。近 5 年来申请发明专利 6 项（专利发明人）、授权著作权登记 4 项。

先后主持或参加国内、国际多中心大型临床研究多项。其中作为主要研究者开展的 OPTIMAL 研究是全球第一个探讨厄洛替尼对照化疗治疗

晚期非小细胞肺癌的 Ⅲ 期研究，该研究将采用分子标记物来筛选合适肺癌患者进行治疗的理念引入了中国，该研究结果被 *NCCN*、*ASCO*、*ESMO* 等多个指南作为主要证据推荐用于临床，改变了 EGFR 突变肺癌的一线治疗策略。此外，周教授主持的 BEYOND 研究结果成为 CFDA 批准贝伐单抗用于非鳞 NSCLC 一线治疗适应症的重要证据。

在转化研究领域也做了很多工作。包括证实瘤内驱动基因异质性和组织异质性并存，揭开了肺癌患者靶向治疗耐药的重要机制；关于 EGFR 突变丰度与 TKI 疗效之间关系的研究发现 EGFR 突变丰度是导致患者对 EGFR-TKI 不同反应的重要原因之一；耐药机制研究发现 miRNAs 和 lncRNAs 表达异常与 EGFR-TKI 耐药密切相关。

以上研究成果获得 2013 年上海市医学科技奖一等奖、2014 年中华医学科技奖二等奖；2014 年华夏医学科技奖一等奖。

郑军华

专业
外科学
专业技术职称
教授，主任医师
工作单位与职务
上海市第十人民医院副院长

主要学习经历

1983.09－1989.07 · 第二军医大学海军医学系　医学学士学位
1992.09－1997.07 · 第二军医大学研究生院　临床医学博士学位

主要工作经历

1989.07－2006.12 · 第二军医大学附属长征医院　副教授、科室行政副主任
2006.06－ 至今　· 上海市第十人民医院泌尿外科　主任医师、教授、博士生导师、科主任、医疗副院长

重要学术兼职

2015.12－　　　 · 中国医师协会泌尿外科医师分会　常委
2013.12－　　　 · 中华医学会泌尿外科分会　秘书长
2009.12－　　　 · 上海市医学会泌尿外科专科分会　副主任委员

代表性论文，著作

1. Zhai W, Sun Y, Jiang M, Wang M, Gasiewicz TA, Zheng J and Chang C. Differential regulation of LncRNA-SARCC suppresses VHL-mutant RCC cell proliferation yet promotes VHL-normal RCC cell proliferation via modulating androgen receptor/HIF-2alpha/C-MYC axis under hypoxia. Oncogene, 2016, 35(37): 4866-4880. （通讯作者）

2. Li W, Liu M, Feng, Y, Xu YF, Huang YF, Che J-P, Wang G-C, Yao X-D, Zheng J-H*. Downregula ted miR-646 in clear cell renal carcinoma correlated with tumour metastasis by targeting the nin one binding protein (NOB1). British Journal of Cancer, 2014, 111(6): 1188-1200. （通讯作者）

3. Jiang Geng, Xudong Yao, Junhua Zheng, Loss of PPM1A expression enhances invasion and the epithelial-to-mensenchymal transition in bladder cancer by activating the TGF-β/Smad signaling pathway. Oncotarget, 2014, 5(14): 5700-5711. （通讯作者）

4. Gu W, Sun W, Guo C, Yan Y, Liu M, Zheng, Junhua*, Culture and Characterization of Circulating Endothelial Progenitor Cells in Patients with Renal Cell Carcinoma. The Journal of urology, 2015, 194(1): 214-222. （通讯作者）

5. Yang Bin, Gu Wenyu, Peng Bo*, Xu Yunfei, Liu Min, Che Jianping, Geng Jiang, Zheng Junhua*. High Level of Circulating Endothelial Progenitor Cells Positively Correlates with Serum Vascular Endothelial Growth Factor in Patients with Renal Cell Carcinoma. Journal of Urology, 2012, 188(6): 2055-2061.

6. Yang FQ, Yang FP, Li W, Liu M, Wang GC, Che JP, Zheng JH*. Foxl1 inhibits tumor invasion and predicts outcome in human renal cancer. Int J Clin Exp Pathol, 2014, 7(1): 110-122.

7. Yang Bin, Zhou Liuhua, Peng Bo, Dai Yutian*, Zheng Junhua*. Stem cells in a tissue-engineered humanairway. Lancet, 2012, 379(9825): 1487-1487.

8. Zheng Jun-hua*, Min Zhi-lian, Li Yu-li, Zhu You-hua, Ye Ting-jun, Li Jian-qiu, Pan Tie-wen, Ding Guo-shan, Wang Meng-long. A modified CZ-1 preserving solution for organ transplantation comparative study with UW preserving solution. Chinese Medical Journal, 2008, 121(10): 904-909.

9. Yang Bin*, Peng Bo, Zheng Junhua*. Cell-based tissue-engineered urethras. Lancet, 2011, 378(9791): 568-569.

10. Zheng Jun-Hua*, Xu Yun-Fei, Peng Bo, Zhang Hai-Min, Yan Yang, Gao Qi-Ruo, Meng Jun, Huang Jian-Hua. Retroperitoneal

Laparoscopic Partial Nephrectomy for Renal-Cell Carcinoma in a Solitary Kidney: Report of 56 Cases.Journal of Endourology, 2009, 23(12): 1971-1974.

• 重要科技奖项

1. 泌尿系肿瘤的生物学行为研究和个体化策略治疗 . 2012. 高等学校科学技术进步一等奖 . 第 1 完成人 .
2. 腹腔镜微创治疗肾癌的基础研究与临床实践 . 中华医学会 . 2011. 中华医学科技三等奖 . 第 1 完成人 .
3. 基于肾癌的局部侵袭力、浸润转移机制的基础研究和临床应用 . 2012. 上海医学科技二等奖 . 第 1 完成人 .
4. 尿毒症和肾移植患者的性功能和生育能力实验临床研究 . 2009. 上海市科技进步二等奖 . 第 1 完成人 .
5. 尿毒症和肾移植患者的性功能和生育能力实验临床研究 . 2009. 上海市医学进步二等奖 . 第 1 完成人 .
6. 肾移植基础和临床研究 . 1998. 国家科技进步二等奖 . 第 6 完成人 .

• 学术成就概览

郑军华教授从事泌尿外科 27 年，在医、教、研方面取得丰硕成果。学术的贡献主要表现在成功研制了多器官保存液，实现成果转化，填补了国内空白，主编了国内外第一部《器官保存学》，得到了袁法祖院士和吴孟超院士高度评价，并撰写序言。近 10 多年来，郑教授一直致力于肾脏肿瘤的微创和浸润转移的转化医学研究，发表此领域 SCI 论文 60 余篇，在国际著名杂志 ONCOGENE、British Journal of Cancer、Journal of Urology 和 Oncontarget 等杂志上发表论文。以第 1 完成人获得国家教育部科技成果一等项 1 项，上海市科技进步二等奖 2 项，上海市医学科技进步二等奖 3 项，以第 6 完成人获得国家科技进步二等奖和军队医疗成果一等奖各 1 项，先后荣获了上海市领军人才、上海市优秀学术带头人，上海市卫生系统新百人和上海市卫生系统银蛇奖二等奖。近 10 年来率领上海市第十人民医院泌尿外科从默默无闻的一个专科成功地步入 2015 年中国医科院中国医院科技排行榜全国泌尿外科专科第 19 名。担任上海市医学会泌尿外科专科分会副主任委员 5 年来，有效地推进了上海市泌尿外科的学术发展。尤其是近 2 年多来，担任中华医学会泌尿外科专科分会秘书长，全力协助主委孙颖浩院士做了大量具体组织和协调工作，成功地组织了 2014、2015 年全国年会和相关组织工作，同时主持了 2015 年亚洲泌尿外科年会开幕式和 2016 年吴阶平医学会泌尿外科高峰论坛英文主持，展现了自己的才华和能力。

在 2014 年荣获了上海市领军人才后，郑军华教授领衔的团队在刚过去的 2015 年，在肾癌研究领域中接连取得阶段性的丰硕成果，包括发表肾癌研究相关的 SCI 文章 8 篇，中文核心期刊文章 10 篇，其中包括已发表在 Nature 杂志社旗下的 Oncogene、British Journal of Cancer 和泌尿外科黄金杂志之一的 Journal of Urology 论文，取得的一系列科研优异成果，对于国内探索肾癌前沿的基础和临床研究，提高肾癌诊治效果有着深远意义。

为了将学科建设更有高度，进一步提高科室学术水平，派遣多名科室人员和博士研究生出国进修。其中，杨斌博士在美国 Wake Forest 大学再生医学研究所，进修为期 2 年的博士后研究，师从国际著名再生医学著名教授：Anthony Atala，归国后获得 2015 浦江人才计划资助。翟炜医师在美国罗切斯特大学 2 年，进行雄激素受体在肾癌中的研究，目前相关文章文章发表在国际著名杂志 ONCOGENE，影响因子 8.46 分，归国后获得 2016 浦江人才计划资助。耿江医师在美国北卡罗来纳周立大学和杜克大学 1 年，进行膀胱癌上皮研究转化研究，归国后发表文章在著名杂志 Oncontarget，影响因子 6.8 分。同时，又派遣李伟、郭长城等博士研究生赴美国各大著名大学，进行学术研究工作。郑军华教授对泌尿外科学科的孜孜追求和不懈努力，以及对科室人才的培养，大大提高了上海市第十人民医院泌尿外科的学术水平和业绩水平，2015 年中国医科院中国医院科技排行榜全国泌尿外科专科第 19 名。为表彰郑军华在肾癌领域的学术成就及对中华医学会泌尿外科专科分会工作的贡献，授予郑军华教授 2016 年度吴阶平泌尿外科医学奖。

赵东宝

专业

内科学

专业技术职称

教授，主任医师

工作单位与职务

第二军医大学
附属长海医院风湿免疫科科主任

● 主要学习经历

1983.09−1989.09 · 第二军医大学军医系　学士
1992.09−1995.09 · 第二军医大学研究生院内科学（肾病）　硕士
1996.09−1999.09 · 第二军医大学研究生院内科学（肾病）　博士

● 主要工作经历

1989.09−1992.09 · 第二军医大学附属长海医院肾内科　医师、助教
1999.09−2001.09 · 第二军医大学附属长海医院风湿免疫科　主治医师、讲师
2001.09−2007.09 · 第二军医大学附属长海医院风湿免疫科　副主任医师、副教授
2007.09− 至今　 · 第二军医大学附属长海医院风湿免疫科　主任医师、教授
2006.12− 至今　 · 第二军医大学附属长海医院风湿免疫科　科主任医师

● 重要学术兼职

2015.09−2018.09 · 中华医学生物免疫学会风湿免疫学分会　副主任委员
2013.11−2016.11 · 中华医学会风湿病学分会　常务委员
2009.10−2015.10 · 中国医师协会风湿免疫科医师分会　常务委员
2014.10−2017.10 · 上海市医学会骨质疏松专科分会　候任主任委员
2013.05−2016.05 · 上海市医学会风湿病专科分会　副主任委员

● 代表性论文，著作

1. DB Zhao.Adverse Events of Anti-Tumor Necrosis Factor α Therapy in Ankylosing Spondylitis. PLoS ONE, 2015, 10(3): e0119897.（通讯作者）
2. DB Zhao. Polymorphisms of uric transporter proteins in the pathogenesis of gout in a Chinese Han population. Genetics and Molecular Research, 2015, 14 (1): 2546-2550.（通讯作者）
3. DB Zhao.FCGR3B copy number loss rather than gain is a risk factor for systemic lupus erythematous and lupus nephritis: a meta-analysis. Int J Rheumatic Dis, 2014, 18(4): 392-397.（第一作者）
4. DB Zhao.Association of TNF-alpha polymorphism with prediction to TNF-blockers in spondyloarthritis (SpA) and inflammatory bowel disease (IBD): a meta-analysis. Pharmacogenomics, 2013, 14(14): 1691-1700.（通讯作者）
5. DB Zhao. Adeno-associated virus-mediated osteoprotegerin gene transfer protects against joint destruction in a collagen-induced arthritis rat model. Joint Bone Spine, 2012, 79(5): 482-487.（通讯作者）
6. 主编 . 风湿病鉴别诊断学 . 北京：军事医学科学出版社，2006.
7. 主编 . 关节炎诊断与治疗选择 . 北京：人民军医出版社，2007.
8. 副主编 . 临床风湿病学教程 . 北京：人民卫生出版社，2009.

● 重要科技奖项

1. 原发性肾小球疾病与糖皮质激素受体的基础与临床研究．1999．军队科技进步二等奖．第3作者．

2. 特发性高钙尿症临床诊治研究．2001．军队医疗成果三等奖．第1作者．

3. 手部、足部、膝部关节微波治疗辐射器的研制及临床应用．2002．军队医疗成果三等奖．第4作者．

4. 手、足、膝、骶髂关节专用微波辐射器的研制．2004．上海市优秀发明二等奖．第4作者．

5. 强直性脊柱炎流行病学调查和遗传流行病学及易感基因发现．2007．上海医学科技三等奖．第5作者．

6. 常见风湿性疾病的流行病学调查和临床研究．2006．军队医疗成果三等奖．第4作者．

7. 类风湿关节炎骨侵蚀机制及应用研究．2011．上海医学科技三等奖．第1作者．

● 学术成就概览

赵东宝教授多年从事风湿病以及骨质疏松的研究，并获得了显著的成绩，尤其在以下4方面成绩更为显著：①重症系统性红斑狼疮的综合诊治：依托国家"十一五"科技支撑计划《系统性红斑狼疮的临床诊断、综合治疗的研究（子课题）和国家"十二五"高技术研究发展计划（"863"计划）重大项目（子课题），建立系统性红斑狼疮临床资料和免疫分子资料库，确立免疫分子分型、个体化诊疗技术。开创重危病人抢救新手段：如重症间质性肺炎、肺动脉高压、广泛肺泡出血、急进性肾小球肾炎、急性肾功能衰竭、心力衰竭、多脏器衰竭等，达到上海市先进水平。②类风湿关节炎骨破坏分子机制和相关治疗策略：开展生物制剂治疗传统药物无效患者的登记注册研究，开展生化指标、遗传标记预测生物制剂疗效和安全性，长期随访例数、疗效评估、安全性检测处于国内领先。③痛风急性发作和尿酸转运蛋白分子遗传研究：拥有国内首台偏振光显微镜，结合最新技术提高痛风诊断的敏感性和特异性，国际领先。首创急性痛风2～4小时不痛的快速止痛消肿疗法，以及首开常规治疗（NSAIDs、秋水仙碱、激素）无效而采用强效生物制剂（IL-1和/或IL-6R单抗）治疗急性痛风，国内领先。④糖皮质激素性/炎性骨质疏松基础和临床研究：作为国家卫生和计划生育委员会骨质疏松诊疗技术协作基地和骨质疏松试验基地负责人，本人参与《糖皮质激素性骨质疏松诊疗指南》和《骨质疏松诊断和质量标准》的起草。

获得领军人才以来，个人专家门诊量在长海医院名列前茅，是医院疑难杂症顶尖会诊专家之一。承担药物临床试验42项，其中国际多中心临床试验11项，连续3年获长海医院临床试验优秀专业组。获上海市优秀学科带头人，军队院校育才银奖、校A级教员，2次为院优秀科主任。获国家自然科学基金3项，上海市领军人才计划、上海市优秀学科带头人新百人计划、上海市科委重点项目、军队和中华医学会专项基金各1项，以子课题获国家科技支撑计划、"863"重大项目、上海市科委重大项目、上海市中医药重大研究各1项，上海市科委重点项目2项。获军队科技进步二等奖1项，军队医疗成果三等奖3项，上海优秀发明二等奖1项，上海医学科技三等奖3项，中华医学奖3项。发表论文93篇（SCI 18篇），累积影响因子46.9分。参编著作26部，主编3部，副主编2部。自任科主任8年来，学科建设成绩突出，连续5年在复旦大学排行榜榜上有名，最好全国第9，上海第2。2012年获全国"科室风采秀"第3名，3次获校基层建设标兵单位，2次获院全面建设优胜科室。人才培养卓有成效，获上海市银蛇奖和总后科技新星1人，在17种专业学会和10种学术期刊上任职，由7人次增至39人次，赵教授最高任职为全国副主委1项，常委3项，上海市候任主委1项，上海市副主委2项。

徐 建

专业

中医内科学

专业技术职称

主任医师

工作单位与职务

上海市中医医院院长

● 主要学习经历

1978.09－1983.07 · 上海中医学院医疗系　医学学士
2008.09－2013.11 · 中国科学技术大学行政管理　管理学硕士

● 主要工作经历

1986.07－1988.08 · 上海市中医医院内科　医师
1988.08－1990.02 · 新华医院内科　进修医师
1992.12－1995.12 · 上海市继承老中医药经验（研究班）　主治医师
2002.07－2005.06 · 新疆阿克苏地区卫生局（援疆）　副局长　主任医师
2002.06－2013.04 · 上海市中医医院　业务副院长兼睡眠疾病研究所所长
2013.04－ 至今 · 上海市中医医院　院长

● 重要学术兼职

2015.11－ 至今 · 中国睡眠研究会　副理事长
2008－2019 · 中国睡眠研究会中医睡眠医学专业委员会　主任委员
2013.12－ 至今 · 上海市中医药学会　副会长
　　　　　　　 · 中华中医药学会心身医学分会　副主任委员
2011－2017 · 《世界睡眠医学杂志》　副主编

● 代表性论文，著作

1. She Y, Xu J, Duan Y, et al. Possible antidepressant effects and mechanism of electroacupuncture in behaviors and hippocampal synaptic plasticity in a depression rat model. Brain Research, 2015, 1629: 291-297. (共同第一作者)
2. Xu J, She Y, Su N, et al. Effects of Electroacupuncture on Chronic Unpredictable Mild Stress Rats Depression-Like Behavior and Expression of p-ERK/ERK and p-P38/P8. Evidence-Based Complementary and Alternative Medicine, 2015:650729. (第一作者)
3. 徐建 . "支架式"教学对医学生自主学习能力中的影响 . 医学信息 , 2015, 28(28): 19-20. (第一作者)
4. 徐建 . 神志病学标准化病人的培训与使用 . 中医学报 , 2014(B12): 684-685. (第一作者)
5. 李林艳 , 徐建 . 苯二氮卓类药物依赖及其防治 . 药物不良反应杂志 , 2012, 14(4): 228-231. (通讯作者)
6. 李志敏 , 徐建 . 平肝活血方对改善镇静催眠药依赖失眠的临床观察 . 陕西中医 , 2011, 32(7): 831-832. (通讯作者)
7. 主编 . 睡眠疾病中医论治 . 上海：上海科学技术出版社 , 2015.
8. 主编 . 失眠大课堂 . 上海：上海科学技术出版社 , 2015.
9. 主编 . 脑统五脏理论研究与临床应用 . 上海：上海科学技术出版社 , 2013.
10. 主编 . 让你一觉睡到天亮 . 上海：复旦大学出版社 , 2009.

● 重要科技奖项

1. 花生枝叶制剂治疗失眠症的临床疗效和有关药学研究 . 2001. 上海市科学技术进步三等奖 .

2. 名老中医学术思想及临床经验传承研究 . 2010. 第一届上海中医药科技一等奖 .

3. 落花生枝叶药材标准的建立及应用 . 2013. 第四届上海中医药科技二等奖 . 排名第 1.

4. 落花生枝叶药材标准的建立及应用推广 . 2013. 上海医学科技三等奖 . 第 2 完成者 .

5. 落花生枝叶制剂的研发及临床应用 . 2014. 中华中医药学会科学技术三等奖 . 排名第 1.

6. 让你一觉睡到天亮 . 2015. 上海中西医结合科学技术科普奖 . 排名第 1.

● 学术成就概览

徐建教授是主任医师、研究生导师、上海领军人才、全国著名老中医学术经验继承人、上海市中医医院院长、中医睡眠疾病研究所所长，兼任中国睡眠研究会副理事长、中医睡眠医学专业委员会主任委员、上海中医药学会副会长、中华中医药学会心身疾病专业委员会副主任委员、世界中医药联合会睡眠医学专业委员会副会长、中国医师协会睡眠医学专业委员会副主任委员、世界睡眠医学杂志副主编、中医杂志常务理事及审稿人、中国医院管理杂志理事、上海市卫生系列高级专业技术职务任职资格评审专家、上海市医疗事故鉴定专家库专家等。

作为神志病学科带头人，目前主持国家临床重点专科，国家中医药管理局中医神志病"十二五"重点学科、重点专科，上海中医药大学创新团队，"上海市中医三年行动计划"神志病中医临床基地等项目的建设任务，负责省部级等课题 7 项，总经费共计 1 000 余万元。近 5 年先后发表论文 20 余篇，其中 SCI 论文 3 篇，主编、副主编出版书籍及大学教材 7 部。获"上海市领军人才"资助项目 1 项，上海市科技进步成果三等奖 1 项，上海市科学技术成果 2 项，第一届上海中医药科技奖一等奖、第四届上海中医药科技奖二等奖、第十二届上海市医学科技奖三等奖、2014 年度中华中医药学会科技奖三等奖各 1 项，医药发明专利授权 4 项，第二届"上海市医务青年管理十杰"提名奖 1 项。入选 2014 年上海领军人才后，获得上海市卫生和计划生育委员会重要薄弱学科项目 1 项、"落花生枝叶药材标准的建立及应用推广"获中华中医药科技奖三等奖 . 获得上海市卫生和计划生育委员会上海市三年行动计划中医药临床能力平台建设类项目 1 项，在研、主持上海市神志病中医临床基地建设，获得上

海中医药大学"高峰高原"学科创新基金研究项目 1 项，发表 SCI 论文 2 篇，核心期刊发表文章 3 篇。

专业领域研究方面，主要开展中医药治疗慢性失眠症、睡眠障碍、抑郁症、焦虑症、镇静性药物依赖、慢性失眠症伴认知功能障碍等睡眠疾病与神志病的临床、科研、教学等研究，以及相关中药新药的研发、中医诊疗方案和质量评价体系等标准化研究，名老中医学术经验的继承整理与总结传承研究等。继承整理导师王翘楚教授"脑主神明、肝主情志、心主血脉"和"从肝论治"失眠症的学术观点。提出人体"昼精 - 夜寐"状态失衡是睡眠障碍等神志病基本病理基础的理论观点，相关临床及基础研究正在进一步深入。重视研究生教育，加快本专业人才培养，培养硕士 7 名，联合培养博士 2 名。注重中药新药研发，研究团队开发"落花安神合剂""落花配方颗粒""解郁Ⅱ号"等多个院内制剂，并在上海、江浙、云南等地区推广应用，累计创造价值 2 479.8 万元；完成"花丹安神合剂"新药Ⅲ期临床试验及成果转让（国家食品药品监督管局批件号 2004L03248），获转让资金 850 万元。

徐金华

专业

皮肤病与性病学

专业技术职称

主任医师

工作单位与职务

复旦大学
附属华山医院皮肤科主任

主要学习经历

1980.09−1985.07 · 原上海医科大学医疗系医学专业　学士
2003.02−2007.01 · 复旦大学研究生院皮肤性病学专业　博士
2004.07−2005.08 · 中欧国际工商学院　医院管理文凭

主要工作经历

1985.07− 至今 · 复旦大学附属华山医院皮肤科　临床医师
2005.04− 至今 · 复旦大学附属华山医院皮肤科　主任医师
2006.11−2010.11 · 复旦大学附属华山医院宝山分院　副院长
2007.12− 至今 · 复旦大学附属华山医院皮肤科　主任
2008.01− 至今 · 复旦大学附属华山医院　博士研究生导师
2008.06− 至今 · 复旦大学上海医学院皮肤性病学系　主任

重要学术兼职

2015.07− 至今 · 中华医学会皮肤科分会　副主任委员
2008.11− 至今 · 中国医师协会皮肤科医师分会　副会长
2011.04− 至今 · 中国中西医结合学会皮肤性病专业委员会　副主任委员
2013.08− 至今 · 《国际皮肤性病学杂志》　副总编辑
2013.03− 至今 · 《中国中西医结合杂志》　副主编

代表性论文，著作

1. Duoqin Wang, Hui Tang, Yanyun Shen, Fang Wang, Jinran Lin, Jinhua Xu, Activation of the Blood Coagulation System in Patients with Chronic Spontaneous Urticaria. Clin. Lab, 2015, 61: 1283-1288. (通讯作者)

2. Zhihua Kang, Qiao Li, Pan Fu, Shuxian Yan, Ming Guan, Jinhua Xu, Feng Xu. Correlation of KIF3A and OVOL1, but not ACTL9, with atopic dermatitis in Chinese pediatric patients. Gene, 2015, 571: 249-251. (通讯作者)

3. Shuxian Yan, Feng Xu, Chunxue Yang, Fei Li, Jing Fan, Linggao Wang, Minqiang Cai, Jianfeng Zhu, Haidong Kan and Jinhua Xu. Demographic Differences in Sun Protection Beliefs and Behavior: A Community-Based Study in Shanghai, China. Int. J. Environ. Res. Public Health, 2015, 12: 3232-3245. (通讯作者)

4. Jinfeng Wu, Tao Song, Shuyong Liu, Xiaomei Li, Gang Li and Jinhua Xu. Icariside Ⅱ inhibits cell proliferation and induces cell cycle arrest through the ROS p38 p53 signaling pathway in A375 human melanoma cells. Moleular Medicine Reports, 2015, 11: 410-416. (通讯作者)

5. Feng Li, Yongsheng, Yang Xiaohua Zhu, Lan Huang, Jinhua Xu. Macrophage Polarization Modulates Development of Systemic Lupus Erythematosus. Cell Physiol Biochem, 2015, 37: 1279-1288. (通讯作者)

6. Jin-Ran Lin, Jun Liang, Qiao-An Zhang, Qiong Huang, Shang-Shang Wang, Hai-Hong Qin, Lian-Jun Chen, Jin-Hua Xu. Microarray-based identification of differentially expressed genes in extramammary Paget's disease. Int J Clin Exp Med, 2015,

8(5): 7251-7260.（通讯作者）

7. Yongsheng Yang, Zhen Zhang, Xiaonian Lu, Xiaohua Zhu, Qiong Huang, Jun Liang, and Jinhua Xu. Occupational toxic epidermal necrolysis associated with dalbergia cochinchinensis: a retrospective comparative study of eight cases in China. International Journal of Dermatology, 2015, 26(32): 365-368.（通讯作者）

8. Zheng Zhang, Ying Ma, Zhenghua Zhang, Jinran Lin, Guoliang Chen, Ling Han, Xu Fang, Qiong Huang and Jinhua Xu. Identification of Two Loci Associated with Generalized Pustular Psoriasis. Journal of Investigative Dermatology, 2015, 135: 2132–2134.（通讯作者）

9. Yingying Yang, Renjie Chen, Jinhua Xu, Qiao Li, Xiaohui Xu, Sandie Ha, Weimin Song, Jianguo Tan, Feng Xu, and Haidong Kan, The effects of ambient temperature on outpatient visits for varicella and herpes zoster in Shanghai, China: A time-series study. J Am Acad Dermatol, 2015, 73: 660-664.（第一作者）

10. Qi Zhang, Masayuki Fujino, Shizue Iwasaki, Hiroshi Hirano, Songjie Cai, Yuya Kitajima, Jinhua Xu & Xiao-Kang Li. Generation and characterization of regulatory dendritic cells derived from murine induced pluripotent stem cells. Scientific Reports, 2014, 4: 3979.（通讯作者）

● 重要科技奖项

系统性红斑狼疮免疫治疗新策略 . 2014. 上海医学科技一等奖 . 第 1 完成人 .

● 学术成就概览

徐金华医师长期从事皮肤病性病的临床和基础研究工作，主要研究方向是系统性红斑狼疮发病机制的研究，研究发现 SLE 活动期患者 GH、PRL 水平异常升高，可通过增加 Th2 细胞因子分泌，加重免疫功能紊乱。由此提出抗 GH 或 PRL 是 SLE 免疫治疗的新策略。研究还发现 miR-29b 和 miR-132 通过不同途径影响 DNA 甲基化，进而参与了 SLE 免疫功能紊乱。将 DNA 甲基化和非编码 RNA 有机结合起来，从表观遗传学的角度，阐明了 SLE 发病的新机制，并提出抗 miR-29b 和 miR-132 有望成为 SLE 免疫治疗的新策略。研究课题"系统性红斑狼疮免疫治疗新策略"获 2014 年度上海医学科技一等奖（第一获奖人）。

2011 年率先在国内开展组织工程皮肤——富含黑色素细胞的自体表皮扩增技术移植治疗大面积白癜风研究，不断创新和完善表皮细胞扩增技术，并于 2013 年 8 月通过上海市卫生和计划生育委员会新技术（国家 3 类技术）认证，获准在临床上应用。该技术具有疗效好、创伤小、不受病灶部位、面积限制，以及手术操作简便等优点，是目前临床治疗大面积白癜风最安全有效的方法。

近 5 年主持卫生部临床重点专科和上海市"重中之重"临床重点学科建设项目各 1 项、国家自然基金 2 项、上海市科学技术委员会基金 5 项

和上海市卫生局项目 1 项，作为课题副组长参与主持复旦大学"211"工程"三期医学学科新增长点建设项目"1 项。获 2013 年度上海市优秀学术带头人和 2014 年度上海领军人才。发表论文 100 余篇，发表 SCI 论文 48 篇，其中作为第一作者和通讯作者发表 SCI 论文 33 篇，主编著作 2 部，授权专利 2 项。

复旦大学附属华山医院皮肤科是国内最负盛名的皮肤专科之一，连续多年荣获中国医院最佳专科排行榜第一名。作为科主任，带领学科在人才培养、学科建设等方面取得了丰硕成果，近 5 年来有多人次获国家千人计划、上海市领军人才计划、上海市优秀学术带头人计划、上海市浦江人才计划、上海市卫生局"新百人"培养计划、上海市卫生局优秀青年人才等人才培养计划。每年门诊量突破百万人次，日均就诊人次逾 4 000，夏季更是高达 5 000 人次，病例数之多、病种之广在国内外首屈一指。学科 2012 年获卫生部国家临床重点专科建设项目和上海市"重中之重"临床重点学科项目，并获得上海市"工人先锋号"和"文明班组"荣誉称号。是上海市皮肤科临床质量控制中心和上海市激光治疗质量控制中心挂靠单位，负责全市皮肤科和激光治疗的临床质量控制。

黄荷凤

专业
妇产科学

专业技术职称
主任医师

工作单位与职务
上海交通大学医学院 附属国际和平妇幼保健院院长

• 主要学习经历

1977.09－1982.07 • 浙江医科大学　医学学士
1987.09－1989.07 • 浙江医科大学　医学硕士
1997.08－1999.08 • 美国辛辛那提大学　博士后

• 主要工作经历

1998.09－ 至今 • 浙江大学　教授
1998.09－2001.05 • 浙江大学医学院附属妇产科医院　副院长
2001.05－2009.06 • 浙江大学医学院　副院长
2009.06－2013.06 • 浙江大学医学院附属妇产科医院　院长
2013.06－2013.12 • 浙江大学医学部　副主任
2014.01－ 至今 • 上海交通大学医学院附属国际和平妇幼保健院　院长
2015.03－ 至今 • 上海交通大学医学院胚胎源性疾病研究所　所长

• 重要学术兼职

2014.06－ • 中国中西医结合学会生殖医学专业委员会　主任委员
2013.05－ • 中国妇幼保健协会"生育保健专业专家委员会"　主任委员
2009.09－ • *Endocrinology*　编委
2008.08－ • *Fertility & Sterility*　编委
2008.06－ • *Reproductive Biology & Endocrinology*　编委

• 代表性论文，著作

1. Ruan YC, Guo JH, Liu X, Zhang R, Tsang LL, Dong JD, Chen H, Yu MK, Jiang X, Zhang XH, Fok KL, Chung YW, Huang H*, Zhou WL*, Chan HC*. Activation of the epithelial Na(+) channel triggers prostaglandin E(2) release and production required for embryo implantation. Nature Medicine, 2012, 18(7): 1112-1117. (IF: 22.864)

2. Yong Chao Lu, Hui Chen, Kin Lam Fok, Lai Ling Tsang, Mei Kuen Yu, Xiao Hu Zhang, Jing Chen, Xiaohua Jiang, Yiu Wa Chung, Alvin Chun Hang Ma5, Anskar Yu Hung Leung, He Feng Huang* and Hsiao Chang Chan*. CFTR mediates bicarbonate-dependent activation of miR-125b in preimplantation embryo development. Cell Research, 2012, 22: 1453-1466. (IF: 10.526)

3. Ding GL, Huang HF*. Role for tet in hyperglycemia-induced demethylation: a novel mechanism of diabetic metabolic memory. Diabetes, 2014, 63(9): 2906-2908. (IF: 8.474)

4. Zhang D, Tan YJ, Qu F, Sheng JZ, Huang HF*. Functions of water channels in male and female reproductive systems. Mol Aspects Med, 2012, 33(5-6): 676-690. (IF: 10.375)

5. Wang F, Pan J, Liu Y, Q Meng, P Lv, F Qu, G Ding, C Klausen, P Leung, H Chan, W Yao, C Zhou, B Shi, J Zhang, J Sheng, and H Huang. Alternative splicing of the androgen receptor in polycystic ovary syndrome. Proceedings of the National Academy of Sciences, 2015, 112(15): 4743-4748. (IF: 9.674)

6. Ding GL, Wang FF, Shu J, Tian S, Jiang Y, Zhang D, Wang N, Luo Q, Zhang Y, Jin F, Peter CK Leung, Sheng JZ*, Huang HF*. Transgenerational Glucose Intolerance With Igf2/H19 Epigenetic Alterations in Mouse Islet Induced by Intrauterine Hyperglycemia. Diabetes, 2012, 61: 1133-1142. (IF: 7.895)

7. Lv PP, Meng Y, Lv M, Feng C, Liu Y, Li JY, Yu DQ, Shen Y, Hu XL, Gao Q, Dong S, Lin XH, Xu GF, Shen T, Dan Z, Zhang FH, Pan JX, Ye XQ, Liu ME, Liu X-M, Sheng JZ, Ding GL, Huang HF*. Altered thyroid hormone profile in offspring after exposure to high estradiol environment during the first trimester of pregnancy: a cross-sectional study. BMC medicine, 2014, 12(1): 240. (IF: 7.28)

8. Xu GF, Zhang JY, Pan HT, Tian S, Liu ME, Yu TT, Li JY, Ying WW, Yao WM, Lin XH, Lv Y, Su WW, Ye XQ, Zhang FH, Pan JX, Liu Y, Zhou CL, Zhang D, Liu XM, Zhu YM, Sheng JZ*, Huang HF*. Cardiovascular dysfunction in offspring of ovarian hyperstimulated women and effects of estradiol and progesterone: a retrospective cohort study and proteomics analysis. J Clin Endocrinol Metab, 2014, 30: jc20142349. (IF: 6.31)

9. Lu YC, Yang J, Ding GL, Shi S, Zhang D, Jin L, Pan JX, Lin XH, Zhu YM, Sheng JZ*, Huang HF*. 2014 Small conductance calcium-activated potassium channel 3 (SK3) is a modulator of endometrial remodeling during endometrial growth. J Clin Endocrinol Metab, 2014, 99(10): 3800-3810. (IF: 6.31)

10. H.-F. Huang, JZ. Sheng. Gamete and Embryo-fetal Origins of Adult Diseases. 2014.

● 重要科技奖项

1. 生殖过程调控及相关疾病分子机理. 2015. 全国妇幼健康科学技术一等奖. 第1完成人.
2. 提高出生人口质量的生殖技术创建、体系优化与临床推广应用. 2010. 中华人民共和国国务院国家科学技术进步二等奖. 第1完成人.
3. 不孕症病因及治疗方法的研究与临床应用. 2011. 中华人民共和国国务院国家科学技术进步二等奖. 第2完成人
4. 提高出生人口质量的生殖技术创建、体系优化与临床推广应用. 2011. 全国人口/计划生育"十一五"优秀科技成果一等. 第1完成人
5. 阻断出生缺陷、促进子代健康关键技术体系的创建与推广应用. 2010. 浙江省科学技术一等奖. 第1完成人.
6. 辅助生殖技术基础和临床系列研究. 2004. 浙江省科学技术一等奖. 第1完成人.
7. 子宫内膜异位症与女性不孕症的研究. 2007. 浙江省科学技术二等奖. 第1完成人.

● 学术成就概览

黄荷凤院长，在国内率先开展辅助生殖技术（ART）子代安全性研究，是国家重大研究计划"辅助生殖诱发胚胎源性疾病的风险评估和机制研究"的首席科学家，引领国内 ART 子代安全性研究。在进行 ART 子代安全性研究过程中，发现配子时期不良环境诱发的基因修饰改变，是诱发发育源性疾病的一个重要机制。因此提出"配子/胚胎源性疾病"假说，开创发育源性疾病跨代遗传机制研究的新领域，代表了目前生殖医学、遗传学、发育生物学等领域研究的热点和前沿。2012 年，Springer 出版社出版原创性专著《配子/胚胎源性成人疾病》，该书系统性描述了"配子/胚胎源性疾病"学说的理论及其相关研究成果。2014 年以来，许多著名学术期刊相继出版了一系列以"配子/胚胎源性疾病"学说为基础的研究成果报道和综述，反映了该学说的前沿性和重要性。

与此同时积极将"配子/胚胎源性疾病"学说的研究成果进行临床转化。如将取卵日的母亲雌激素水平作为临床是否进行胚胎移植的重要评判指标；为 PCOS 女性实施助孕技术时必须控制雄激素水平等。这一系列临床策略的优化和实施均来源于她的研究成果。

在国际上率先开展通道蛋白对于胚胎着床和妊娠维持分子机制研究，并在国际生殖内分泌学权威杂志及 *Nature Medicine* 连续发表系列研究报告。诺贝尔奖获得者、水通道蛋白发现者 Peter Agre 邀请她为权威杂志 *Human Reproduction Update* 撰写综述，是中国大陆第一位受邀在此杂志撰写综述的科学家。

主持并创建了国内技术最全面、规模最大的系统化遗传病防控技术体系和临床应用，并制定了染色体病和单基因病临床诊断规范，相关成果获得国家科技进步奖二等奖 2 项（第一获奖人 1 项，第二获奖人 1 项）。并且开创了卫生部第一个准入的 PGD 中心，在阻断遗传性出生缺陷工作方面取得了令人瞩目的成就。

目前，在包括 *Nature Medicine*，*PNAS* 等国际知名期刊上发表 SCI 学术论文 160 余篇，他引 1 500 多次。国家卫生和计划生育委员会科技进步一等奖 1 项，省科技进步一等奖 3 项，二等奖 2 项。获国家发明专利 7 项。主编或副主编妇产科和生殖医学专著 8 部。受邀担任 *Endocrinology*，*Fertility & Sterility*，*Clinical Endocrinology*，*Reproductive Biology & Endocrinology*，*Ovarian Research* 等 6 家 SCI 杂志编委。

梁爱斌

专业

内科学

专业技术职称

血液科主任

工作单位与职务

上海市同济大学
附属同济医院血液科主任

● 主要学习经历

1988.09−1993.07 • 上海铁道医学院临床医学专业　学士
1995.09−1998.07 • 上海第二医科大学医学硕士学位　硕士
2001.09−2004.06 • 上海交大医学院、德国 ULM 大学联合培养博士学位　博士

● 主要工作经历

2005.01−2009.12 • 同济大学附属同济医院血液科　副主任医师、副教授
2010.01− 至今　 • 同济大学附属同济医院血液科　主任、主任医师、教授、博士生导师

● 重要学术兼职

2008.06− 至今　 • 上海市血液病质控委员会　委员、副组长
2011.04−2013.12 • 中华医学会血液学分会青年委员会　常务委员
2013.05− 至今　 • 中华医学会上海血液学分会　副主任委员
2014.01− 至今　 • 中华医学会血液学分会青年委员会　副主任委员
2014.05−2016.04 • 全国医师定期考核血液科专业编辑委员会　委员
2014.05− 至今　 • 中国医师协会血液分会　委员
2015.08− 至今　 • 上海免疫学会血液分会　副主任委员

● 代表性论文，著作

1. Luo Y, Coskun V, Liang A, et al. Single-Cell Transcriptome Analyses Reveal Signals to Activate Dormant Neural Stem Cells. Cell, 2015, 161(5): 1175-1186.

2. Zhang W, Ding Y, Wu H, et al. Retrospective comparison of fludarabine in combination with intermediate-dose cytarabine versus high-dose cytarabine as consolidation therapies for acute myeloid leukemia. Medicine, 2014, 93(27): e134-e134.

3. Liu J, Yu F, Sun Y, et al. Concise Reviews: Characteristics and Potential Applications of Human Dental Tissue-Derived Mesenchymal Stem Cells. Stem Cells, 2015, 33(3): 627–638.

4. Dong C M, Wang X L, Wang G M, et al. A stress-induced cellular aging model with postnatal neural stem cells. Cell Death & Disease, 2014, 5(3): e1116.

5. Xiu B, Zhang W, Huang B, et al. Genetic inhibition of vascular endothelial growth factor receptor-1 significantly inhibits the migration and proliferation of leukemia cells and increases their sensitivity to chemotherapy. Oncology Reports, 2013, 29(5): 2030-2038.

6. Wang L, Zhang W J, Xiu B, et al. Nanocomposite-siRNA approach for down-regulation of VEGF and its receptor in myeloid leukemia cells. International Journal of Biological Macromolecules, 2014, 63: 49-55.

7. Huang B B, Gao Q M, Liang W, et al. Down-regulation of SENP1 expression increases apoptosis of Burkitt lymphoma cells. Asian Pacific Journal of Cancer Prevention Apjcp, 2012, 13(5): 2045-2049.

8. Hong, XIONG, Ai-bin, et al. N-Propionyl polysialic acid precursor enhances the susceptibility of multiple myeloma to antitumor

effect of anti-NprPSA monoclonal antibody. Acta Pharmacologica Sinica, 2012, 33(12): 1557-1562.

9. Liu W F, Ji S R, Sun J J, et al. CD146 expression correlates with epithelial-mesenchymal transition markers and a poor prognosis in gastric cancer. International Journal of Molecular Sciences, 2012, 13(5): 6399-6406.

10. Liang A, Zhang H, Fang Y, et al. Sequential arabinosylcytosin with or without fludarabine in paracmastic patients with acute myeloid leukemia. Pharmazie, 2012, 67(7): 635-638.

● 重要科技奖项

1. 附红细胞体病诊疗和研究体系的创新与应用 . 2014. 上海市科技进步二等奖 .

2. 双相培养体系及分子标志物检测在正常核型急性白血病诊治中的作用 . 2010. 教育部科学技术进步二等奖 . 排名第 1.

3. 附红细胞体病的病学、流行病学和综合防治技术 . 2009. 教育部科学技术进步二等奖 . 排名第 1.

● 学术成就概览

梁爱斌教授、主任医师、博士研究生导师，现为同济大学附属同济医院血液科主任、美国及欧洲血液学会、肿瘤学会国际会员、中华医学会血液分会青年委员会常务副主任委员、中国医师协会血液分会委员、中国医师协会血液编辑委员会委员、中国抗癌协会上海血液分会副主委、中国抗癌协会血液肿瘤专业委员会细胞治疗学组成员、中国抗癌协会血液肿瘤专业委员会中国骨髓增生异常综合征和骨髓增殖性肿瘤工作组专家委员会委员、上海医学会血液学会副主任委员、上海免疫学会血液分会副主任委员、上海医师协会血液分会秘书、上海市血液内科临床质量控制专家组副组长、全国生物治疗委员会常务委员、国家重点研发计划重点专项首席专家、国家自然科学基金二审专家、科技部重大专项评审专家、上海市自然科学基金、天津市自然科学基金、上海市医药管理局基金等评审专家。为《中华血液学杂志》《国际输血及血液杂志》《中华临床医师杂志》《中国组织工程研究》《临床康复杂志》《临床血液学杂志》《同济大学学报》等多家杂志编委，为 *Oncology report*、*International Journal of Hematology*、*Journal of Hematology and Oncology*、*Microbiology and immunology*、*Annual of Biology*、*Veterinary Research Communications*、*Medicine*、*New England of Journal of Medicine* 等杂志特约审稿人。2001年入选上海市医学人才培养计划"医苑新星"；2005年获得上海市"科技启明星"称号及人才培养基金，2008年入选教育部"新世纪优秀人才计划"，2009年获上海市第12届医务系统中青年最高荣誉奖"银蛇奖"二

等奖、上海市卫生系统优秀工作者及入选"启明星追踪"计划，2010年获上海市"岗位能手"称号，2011年荣获上海市"曙光学者"计划资助，2012年荣获全国卫生系统先进工作者、卫生部劳动模范，享受政府特殊津贴，2013年获上海市卫生系统"优秀学科带头人（新百人计划）"，2014年荣获上海市领军人才称号，2015年上海市优秀学术带头人。迄今，作为课题负责人已申请到6项国家自然科学基金项目、国家高科技专题"863"项目等，参与国家重大基础课题"973"项目2项，同时还获得多项上海市科委自然科学基金重点项目、上海市卫生局科技发展基金重点项目等。共获得省部级科研成果奖6项包括教育部科技进步二等奖2项、上海市科技进步二等奖3项及其他多项荣誉称号，迄今发表论文200余篇，SCI收录30余篇（其中第一作者及通讯论文21篇），部分论文发表在 *BLOOD*、*American Journal of Respiratory and Critical Medicine*、*Stem Cells* 等著名期刊。主编专著1部，主编出版研究生教材《血液系统肿瘤诊治进展》，参编3部。申请国家专利1项。

蒋欣泉

专业

口腔医学

专业技术职称

教授，主任医师

工作单位与职务

上海交通大学口腔医学院副院长

● 主要学习经历

1989.09－1994.07 • 南京医科大学口腔医学系口腔医学　学士

1997.09－2000.07 • 上海同济大学口腔医学院口腔临床医学　硕士

2000.08－2003.07 • 上海第二医科大学附属九院口腔临床医学　博士

2002.10－2003.03 • 加拿大 Alberta 大学生物材料 Exchange　博士

● 主要工作经历

2003.07－ 至今 　• 上海交通大学医学院附属九院　口腔生物工程 / 再生医学　实验室主任

2007.10－ 至今 　• 上海交通大学医学院附属九院　口腔修复科副主任、主任

2009.11－ 至今 　• 上海交通大学医学院附属九院　研究员、主任医师、教授、博导

2014.03－ 至今 　• 上海交通大学医学院　上海高校口腔先进技术与材料　工程研究心主任

2016.04－ 至今 　• 上海交通大学口腔医学院　副院长

● 重要学术兼职

2012.04－ 至今 　• 国际牙科医师学院（ICD）　Fellow

2016－2017 　　　• 国际口腔修复学会（ICP）　理事（中国唯一）

2009.04－ 至今 　• 亚洲口腔修复学会 AAP　秘书长 / 地区代表

2012.11－ 至今 　• 中华口腔医学会口腔修复学专业委员会　副主任委员

2012.07－ 至今 　• 澳大利亚悉尼大学（工程与信息技术学院）　荣誉教授（Honorary Professor）

● 代表性论文，著作

1. Wang X, Lu T, Wen J, Xu LY, Zeng DL, Wu QJ, Cao LY, Lin SX, Liu XY, Jiang XQ*. Selective responses of human gingival fibroblasts and bacteria on carbon fiber reinforced polyetheretherketone with multilevel nanostructured TiO2. Biomaterials, 2016, 83: 207-218.

2. Zhang WJ, Wray LS, Rnjak-Kovacina J, Xu L, Zou DH, Wang SY, Zhang ML, Dong JC, Li GL, Kaplan DL, Jiang XQ*. Vascularization of hollow channel-modified porous silk scaffolds with endothelial cells for tissue regeneration. Biomaterials, 2015, 56: 68-77.

3. Zhang WJ, Wang GC, Liu Y, Zhao XB, Zou DH, Zhu C, Jin YQ, Huang QF, Sun J, Liu XY, Jiang XQ*, Zreiqat H. The synergistic effect of hierarchical micro/nano-topography and bioactive ions for enhanced osseointegration. Biomaterials, 2013, 34(13): 3184-3195.

4. Zhang W, Zhang X, Wang S, Xu L, Zhang M, Wang G, Jin Y, Zhang X, Jiang X*. Comparison of the Use of Adipose Tissue-Derived and Bone Marrow-Derived Stem Cells for Rapid Bone Regeneration. J Dent Res, 2013, 92(12): 1136-1141.

5. Wang SY, Zhao J, Zhang WJ, Ye DX, Yu WW, Zhu C, Zhang XL, Sun XJ, Yang C, Jiang XQ*, Zhang ZY. Maintenance of phenotype and function of cryopreserved bone-derived cells. Biomaterials, 2011, 32(32): 3739-3749.

6. Zhang WJ, Wang XL, Wang SY, Zhao J, Xu LY, Zhu C, Zeng DL, Chen J, Zhang ZY, Kaplan DL, Jiang XQ*. The use of

injectable sonication-induced silk hydrogel for VEGF(165) and BMP-2 delivery for elevation of the maxillary sinus floor. Biomaterials, 2011, 32(35): 9415-9424.

7. Xia LG, Zhang ZY, Chen L, Zhang WJ, Zeng DL, Zhang XL, Chang J, Jiang XQ*. Proliferation and Osteogenic Differentiation of Human Periodontal Ligament Cells on Akermanite and Beta-Tcp Bioceramics. Eur Cells Mater, 2011, 22(2): 157-177.

8. Zou DH, Zhang ZY, Ye DX, Tang AF, Deng LF, Han W, Zhao J, Wang SH, Zhang WJ, Zhu C, Zhou J, He JC, Wang YY, Xu F, Huang YL, Jiang XQ*. Repair of Critical-Sized Rat Calvarial Defects Using Genetically Engineered Bone Marrow-Derived Mesenchymal Stem Cells Overexpressing Hypoxia-Inducible Factor-1 alpha. Stem Cells, 2011, 29(9): 1380-1390.

9. Jiang XQ, Zhao J, Wang SY, Sun XJ, Zhang XL, Chen J, Kaplan DL, Zhang ZY. Mandibular repair in rats with premineralized silk scaffolds and BMP-2-modified bMSCs. Biomaterials, 2009, 30(27): 4522-4532.

10. 副主编. 固定义齿修复学. 北京：人民卫生出版社.（定稿）

● 重要科技奖项

1. 2013. 教育部"长江学者"奖励计划.
2. 2012. 国家杰出青年基金获得者.
3. 2016. 国家万人计划领军人才.
4. 2014. 科技部中青年科技创新领军人才.
5. 2007. 上海市科技进步 一等奖. 第1完成人.
6. 2005. 国际牙科研究会 IADR/Hatton Award 一等奖.
7. 2015. 第二届树兰医学（青年）奖.
8. 2015. 上海市科委优秀学术带头人.
9. 2010. 第五届上海青年科技英才.
10. 2009. 上海市卫生系统青年人才最高荣誉银蛇一等奖.
11. 2013. 上海市卫生系统优秀学科带头人.

● 学术成就概览

蒋欣泉教授是"长江学者"特聘教授，国家杰青获得者，长期从事口腔颌面部骨组织再生与功能修复的基础和转化应用研究。

近年主要取得以下学术成绩：

（1）系统比较了骨髓、脂肪来源细胞在颌面部快速骨再生中的作用，该研究以封面论文发表在最权威的口腔医学研究杂志 *J Dent Res*，并入选国际牙科研究会 IADR2013 年度报告。还探索了新鲜/冻存颌骨来源成骨细胞的生物学活性及在骨组织再生中的应用。

（2）阐明了 BMP-2、Hif-1α、Nell-1 等调控干细胞募集以及成骨/成血管作用，并用于促进颌骨再生。相关成果获得国家发明专利3项（2项第

1），曾代表中国首次获得了国际牙科研究会著名的 IADR/Hatton 奖。

（3）探讨并阐明了含镁硅元素钙磷材料、丝蛋白支架或凝胶、多级微纳米结构等特定成分/结构改性生物材料促进颌骨组织再生作用。提出了管道结构复合内皮细胞协同促进多孔支架材料整体快速血管化的策略，实现大块支架材料整体快速血管化。

（4）对种植体表面进行结构/成分改性，显著提高了成骨诱导作用及骨整合效果。为分中心负责人开展了1项 Astra 结构/成分改性种植牙多中心临床试验研究（OSSEOSPEEDTM TX 种植体用于后牙缺失修复的早期负重开放、前瞻性、多中心研究）。

（5）积极推动口腔颌面骨组织再生与修复的临床转化应用，富集干细胞颌骨缺损修复及牙槽骨重建临床转化研究获得上海交通大学"985"干细胞与再生医学转化平台项目的立项支持。含硅、磷、钙离子骨修复材料修复骨缺损的研究，取得了良好的效果。

近3年主持国家重点研发计划"973"课题、国家自然基金重点国（地区）合作与交流项目等国家/省部课题或人才项目9项。以第一作者/通讯作者发表SCI论文25篇（合计IF为120余分）；作

为副主编或编委，应邀编写"十一五""十二五"全国高等院校口腔医学专业研究生规划教材《固定义齿修复学》《口腔颌面发育与再生医学》等教材4部。指导研究生获教育部"博士研究生学术新人奖"1人次，国家奖学金5人次，教育部高等学校博士学科点专项科研基金1人次，上海市优博3人次，上海市优硕2人次，明治生命科学奖"科学奖"1人次，上海市青年科技英才扬帆计划2人次。应邀多次重要国际会议特邀/主旨发言，在口腔修复领域最高水平的第14届国际口腔修复学会 ICP 学术大会上，蒋欣泉教授应邀做了唯一一个来自中国的大会主题发言，并受邀 ICP 的主要创始人 George Zarb 教授在其主编的国际最权威的口腔修复杂志 *IJP* 发表特邀述评。这是中国学者首次应邀在 *IJP* 发表述评。George Zarb 主编在亲自撰写的社论（Editorial）中将申请人称作领域内的"Leading Scholar"，学术性的将生物工程再生医学与传统口腔修复学方法相结合，用于重建口腔功能，所做的特邀述评将丰富对口腔修复学未来发展的理解。

蒋 健

专业

中医内科学

专业技术职称

教授，主任医师

工作单位与职务

上海中医药大学
附属曙光医院副院长（分管科研
与教学工作）

● 主要学习经历

1978.05−1982.01 · 南京中医药大学中医学　医学学士
1982.02−1985.01 · 上海中医药大学中医内科学　医学硕士
1993.04−1997.03 · 日本山梨医科大学病理形态学　医学博士

● 主要工作经历

1987.09−1989.05 · 日本山梨医科大学第 1 内科学教室　客座研究员
1989.05−1992.07 · 上海中医药大学附属曙光医院中医内科　主治医生
1992.07−1993.03 · 日本山梨医科大学第 1 病理学教室　客座研究员
1997.04−1999.03 · 日本山梨医科大学第 1 病理学教室　文部教官医学助手
1999.04−2002.06 · 上海中医药大学附属曙光医院　先后担任内科学教研室副主任、曙光医院内科学教研室主任
　　　　　　　　　兼内科副主任、曙光医院科教处处长
2002.06− 　　　　· 上海中医药大学附属曙光医院　副院长（分管科研教学工作）

● 重要学术兼职

2014.09−2016.08 · 全国中医药高等教育学会临床教育研究会　副理事长
2014.09− 　　　　· 世界中医药联合会消化病学会　副会长
2013.10− 　　　　· 世界中医药学会联合会中药上市后再评价专业委员会　副会长
2011.11−2015.11 · 世界中医药学会联合会伦理审查委员会第一届理事会　副会长
2013.04−2017.12 · 教育部高等学校全科医学教学指导委员会　委员

● 代表性论文，著作

1. 主编 . 中医临床经典概要 . 北京：人民卫生出版社 , 2015.
2. 主编 . 橘井流芳 . 上海 . 上海科学技术出版社 , 2013.
3. 主编 . 金匮要略方药临床应用与研究 . 上海：上海科学技术出版社 , 2012.
4. 主编 . 一诊一得录 . 上海：上海科学技术出版社 , 2012.
5. 副主编 . 伦理委员会制度与操作规范 . 北京：科学出版社 , 2012.
6. 编委 . 实用中医内科学 . 上海：上海科学技术出版社 , 2009.
7. Jun Sun, Wei-An Yuan, Hao Lu, Zhen Li, Jian Jiang. Study on the consistency of doctor-report outcomes and patient-report outcomes in symptoms of Traditional Chinese Medicine: a small sample size trial in diabetics. Int J Clin Exp Med, 2015, 8(5): 8000-8004.
8. 蒋健 . 郁证发微（一）− 郁证形态论 [J]. 上海中医药杂志 , 2015, 49(8): 4-7.
9. 蒋健 . 郁证发微（二）− 郁证诊断论 [J]. 上海中医药杂志 , 2015, 49(9): 3-6.
10. 蒋健 . "滞泄" 病脉证治 . 新中医 , 2014, 46(5): 240-243.

● 重要科技奖项

1. 一种治疗痛证的中药复方以及制备方法 . 2012. 第二十二届上海市优秀发明选拔赛优秀发明银奖 .
2. 止痛散治疗痛经的临床运用及作用机理 . 2010. 第一届上海中医药科技三等奖 .

● 学术成就概览

蒋健教授连续承担国家科技部"十一五""十二五"重大新药创制、创新药物研究开发技术平台建设，并为南方中医组组长单位。近 5 年承担多项国家、省部级科研课题，研究经费将近 3 000 万元。为上海市重点学科临床药理科负责人。

在传统中医领域，具有丰富的中医理论水平和扎实的临床功底，长期热衷于基于个案的中医临证研究，以继承和发扬光大传统中医为己任。提出了诸多创新性中医临证思维，如辨证论治隐藏辨病用药观，"方证对应"需经证实与证伪研究，处方按治疗原则配伍较之按君臣佐使配伍更加实用，用时序试验设计及多基线设计等方法评价个体化中医疗效，中医病证疗效评价的具体方法，中医郁证系统的研究等。其医案库已建立 10 余年，数千案例涉及内、外、妇、儿各科。自 2009 年被聘为《上海中医药报·名医手记》专栏作家，连续发表个体化诊疗研究报道 264 期；2008 年以来发表中医临证类论文 90 余篇（总数 200 余篇）。有关中医郁证总论及各论的相关研究已于《上海中医药杂志》2015 年 8 月至今连续发表近 10 期，针对郁证之形态、诊断、治疗以及各论中与郁证关系密切的病证进行梳理、研究。在传统中医继承和发扬创新方面作出了一定的贡献。

在慢性肝病中医临床疗效评价领域，组织研制慢乙肝脾虚证候量表、慢性肝炎证候积分量表、慢乙肝 PRO 量表、慢性肝病患者报告结局（CPBLD-PRO）量表等系列量表，建立了中医肝病临床疗效评价体系，在中管局中医肝病重点专科协作网络（47 家医院）推广应用。

在中药临床试验安全性评价领域，首次倡导将肝功能 5 项（ALT、AST、TIBL、GGT、AKP）作为安全性评价项目组合并合理设定检测间隔，2010 年 SFDA 中药新药临床安全性评价专题研讨会上达成"专家共识"。2011 年被 SFDA 聘为核心专家组成员（全国共 11 人），负责《中药新药临床试验指导原则》"肝毒性评价"编写，为我国中药肝脏安全性评价作出了贡献。

在中药药物代谢动力学领域，建立高灵敏中药成分检测技术（LC-MS-MS）与中药－药物代谢性相互作用的研究技术，进行中药复方人体药代动力学研究，为临床用药方案的制定提供依据。通过丹参片和六味地黄丸对 CYP3A4 和 CYP1A2、丹参酮胶囊对 CYP3A4 和 P-gp、左金丸对 CYP3A4 和 CYP2D6 的活性影响研究，明确了左金丸、四逆汤等中药复方的现代科学配伍机制。

在中医伦理学领域，担任世中联伦理审查委员会理事会副会长；参与世中联伦理审查委员会的组建工作；作为评估专家参与了近 10 家医疗机构的 CMAHRPS 认证，提升了中医医院的临床研究伦理审查能力；并提出中医临床"隐性伦理学"等观点。

根据 MacDonald 等学者（1982 年）所探明的大鼠胰腺弹力蛋白酶Ⅱ的碱基排列，用原位杂交的方法，从形态学上证实了血管游走（迁徙）细胞以及肝细胞等均有弹力蛋白酶的 mRNA 表达，属国际上首次发现。

蔡郑东

专业

外科学

专业技术职称

教授，主任医师，博士生导师

工作单位与职务

上海交通大学
附属第一人民医院骨科主任

● 主要学习经历

1978.09−1983.07 · 第二军医大学军医系骨外科学　学士
1986.09−1989.07 · 第二军医大学军医系骨外科学　硕士

● 主要工作经历

1983.07−2009.03 · 第二军医大学附属长海医院骨科　住院医生、主治医生、副主任医师、主任医师、教授、科
　　　　　　　　　副主任、关节外科主任、外科教研室常务副主任、党支部书记
2009.03−2013.11 · 同济大学附属上海第十人民医院骨科　主任医师、教授、科主任、大外科主任
2013.11− 至今　 · 上海交通大学附属第一人民医院骨科　主任医师、教授、科主任

● 重要学术兼职

2015.12− 至今　 · 中国康复医学会　常务理事
2014.04− 至今　 · 中国抗癌协会肉瘤专业委员会　常务委员
2011.03− 至今　 · 上海市医学会骨科分会　副主任委员
2015.07− 至今　 · 中华骨科学会肿瘤学组　委员
2014.11− 至今　 · 上海市医师协会骨科医师分会肿瘤工作组　组长

● 代表性论文，著作

1. Sun M, Zhou C, Zeng H, Yin F, Wang Z, Yao J, Hua Y, Cai Z. Benzochloroporphyrin derivative photosensitizer-mediated photodynamic therapy for Ewing sarcoma. J Photochem Photobiol B, 2016, 160: 178.
2. Wang H, Zhang T, Sun W, Wang Z, Zuo D, Zhou Z, Li S, Xu J, Yin F, Hua Y, Cai Z. Erianin induces G2/M-phase arrest, apoptosis, and autophagy via the ROS/JNK signaling pathway in human osteosarcoma cells in vitro and in vivo. Cell Death Dis, 2016, 7: e2247.
3. Ma X, Sun W, Shen J, Hua Y, Yin F, Sun M, Cai Z. Gelsolin promotes cell growth and invasion through the upregulation of p-AKT and p-P38 pathway in osteosarcoma. Tumour Biol, 2016, 37: 7165.
4. Liao YX, Fu ZZ, Zhou CH, Shan LC, Wang ZY, Yin F, Zheng LP, Hua YQ, Cai ZD. AMD3100 reduces CXCR4-mediated survival and metastasis of osteosarcoma by inhibiting JNK and Akt, but not p38 or Erk1/2, pathways in in vitro and mouse experiments. Oncol Rep, 2015, 34: 33.
5. Zhou Z, Hua Y, Liu J, Zuo D, Wang H, Chen Q, Zheng L, Cai Z. Association of ABCB1/MDR1 polymorphisms in patients with glucocorticoid-induced osteonecrosis of the femoral head: Evidence for a meta-analysis. Gene, 2015, 569: 34.
6. Li S, Sun W, Wang H, Zuo D, Hua Y, Cai Z. Research progress on the multidrug resistance mechanisms of osteosarcoma chemotherapy and reversal. Tumour Biol, 2015, 36: 1329.
7. Chen J, Fu H, Wang Z, Yin F, Li J, Hua Y, Cai Z. A new synthetic ursolic acid derivative IUA with anti-tumor efficacy against osteosarcoma cells via inhibition of JNK signaling pathway. Cell Physiol Biochem, 2014, 34: 724.
8. Chen J, Sun MX, Hua YQ, Cai ZD. Prognostic significance of serum lactate dehydrogenase level in osteosarcoma: a meta-analysis. J Cancer Res Clin Oncol, 2014, 140: 1205.

9. Hua Y, Jia X, Sun M, Zheng L, Yin L, Zhang L, Cai Z. Plasma membrane proteomic analysis of human osteosarcoma and osteoblastic cells: revealing NDRG1 as a marker for osteosarcoma. Tumour Biol, 2011, 32: 1013.

10. Hua Y, Zhang Z, Li J, Li Q, Hu S, Li J, Sun M, Cai Z. Oleanolic acid derivative Dex-OA has potent anti-tumor and anti-metastatic activity on osteosarcoma cells in vitro and in vivo. Invest New Drugs, 2011, 29: 258.

重要科技奖项

1. 提高骨盆环肿瘤外科疗效的关键技术与临床应用 . 2011. 中华医学科技一等奖 . 第 1 完成人 .
2. 骨盆环肿瘤的基础研究与外科治疗 . 2010. 上海医学科技一等奖 . 第 1 完成人 .
3. 骨盆环肿瘤外科治疗关键技术创新与临床应用 . 2014. 教育部科学技术进步 1 二等奖 . 第 1 完成人 .
4. 骨肉瘤外科规范化综合治疗体系的建立和相关基础研究 . 2014. 上海市科学技术 1 二等奖 . 第 1 完成人 .
5. 骨盆环肿瘤相关基础研究及外科治疗 . 2010. 上海市科技进步二等奖 . 第 1 完成人 .

学术成就概览

蔡郑东教授，主任医师，博士生导师，上海交通大学附属第一人民医院骨科主任，上海市骨肿瘤研究所所长。从事骨科工作 30 余年，专业为骨肿瘤外科和人工关节外科，擅长骨与软组织肿瘤的诊治和各种复杂人工关节手术，至今已完成骨与软组织肿瘤手术 10 000 余例，各类人工关节手术近万例，其中骨盆肿瘤手术量在国内外名列前茅，并在恶性骨肿瘤的转化医学研究领域全国领先，获得中华医学科技进步一等奖、上海市医学科技一等奖、上海市科技进步二等奖、教育部科技进步二等奖等奖项，获上海市"十佳"医生提名奖、上海市领军人才、国务院政府特殊津贴等荣誉。

现任上海市医学会骨科分会副主任委员，中国医师协会骨科分会委员，中国抗癌协会肉瘤专业委员会常委，全国骨盆环肿瘤学组组长，上海市骨科质控专家组委员，《中华骨科杂志》上海办事处主任，*JBJS*（中文版）编辑部主任，《中华骨科杂志》《中国骨与关节杂志》、*Orthopedic Surgery*、《国际骨科学杂志》等期刊编委。主编专著《现代骨科学·骨病卷》《骨盆外科学》《实用骨肿瘤学》《战场救治》《现代战伤外科学》5 部，参编专著十余部。培养了博士后、博士、硕士 50 余名。在读研究生 18 名，其中博士后 1 名，博士 6 名，硕士生 11 名。近年来共获国家及地方各类

科研基金 500 多万，以第一作者在国内核心期刊发表论文 100 余篇，SCI 论文 50 余篇。

自 2014 年，获得领军人才以来，在上海市第一人民医院建立了上海市骨肿瘤研究所，并且与国际华人骨研学会成立了联合研究中心，明显提高市一骨肿瘤科在国际骨科界的地位。至今连续举行两届公济骨科论坛，促进骨科界的学术交流，使得市一骨科在全国内的影响力显著增强，已逐渐发展成为技术力量雄厚，专业特点鲜明，总体水平居国内领先、国际先进，融医疗、教学、科研为一体的重点学科。